九型人格

了解自我 影响他人的心理学

倪彩◎著

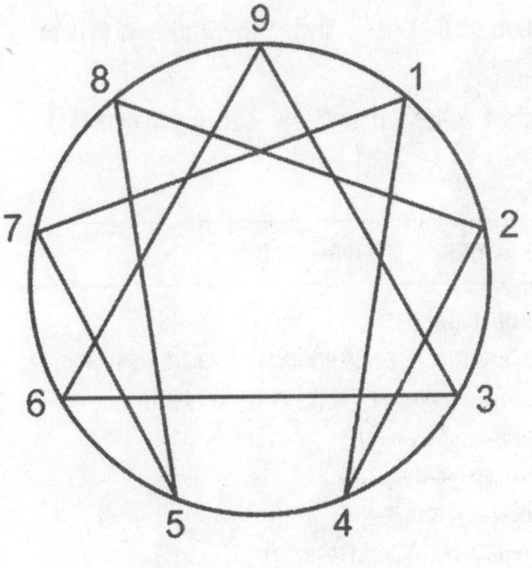

国家一级出版社 中国纺织出版社 全国百佳图书出版单位

内 容 提 要

九型人格是近年来备受美国斯坦福大学等著名学府攻读MBA学位所推荐的热门课程之一，风行欧美学术界和工商界。它能够揭秘隐秘的人格，协助我们认识自己、洞察他人。正所谓：知人者智，自知者明；胜人者力，自胜者强。九型人格是透过人类的性格类型观看世界的利器，能够通过每一类人的表面行为洞察他们的精神内核，揭示其核心动机与注意力焦点。掌握九型人格之后，可以有效地提升自我，改善人际关系。

图书在版编目（CIP）数据

九型人格：了解自我影响他人的心理学／倪彩著.
—北京：中国纺织出版社，2018.9
ISBN 978-7-5180-5209-7

Ⅰ.①九…　Ⅱ.①倪…　Ⅲ.①人格心理学—通俗读物
Ⅳ.①B848-49

中国版本图书馆CIP数据核字（2018）第147643号

策划编辑：郝珊珊　　责任印制：储志伟

中国纺织出版社出版发行
地址：北京市朝阳区百子湾东里A407号楼　邮政编码：100124
销售电话：010－67004422　传真：010－87155801
http：//www.c-textilep.com
E-mail：faxing@c-textilep.com
中国纺织出版社天猫旗舰店
官方微博http：//weibo.com/2119887771
三河市延风印装有限公司印刷　各地新华书店经销
2018年9月第1版第1次印刷
开本：710×1000　1/16　印张：13.5
字数：117千字　定价：42.80元

序　言

找到真实的自己，开启幸福人生之门

每个人的一生要处理好三种关系——自己与自然的关系，自己与社会的关系，自己与自己的关系。自然与社会难以单凭个人之力掌控，到最后，我们能够掌控的只有自己，而掌控自己的前提就是认识自己。

老子曾经说“知人者智，自知者明”；苏格拉底也把“认识你自己”视为他的哲学原则。可见，无论古今中外，“认识自己”都被上升到了生命哲学的高度。这种认识，不仅仅是了解自己的外表，还要体察自己的心理、能力、个性等。

遗憾的是，有多少人真的认识自己、了解自己呢？

——为什么我跟有些人“话不投机”，却跟有些人“相见恨晚”？

——为什么我总是习惯性地为别人付出，却不被珍惜？

——为什么我只想过简单平淡的日子，另一半却拼命地追求名利？

——为什么我很难信任周围的人，对每件事都充满怀疑？

——……

生活中，你是否也经常陷入类似的困惑中，受其干扰，却又找不到原因，说不出缘由？

其实，这一切都是性格使然。很庆幸，今天的我们有机会了解和学习九型人格这门有关性格的精深学问，它能够帮助我们认识自己，并加深对身边其他类型人的了解。只有弄清楚自己是哪一类型的人，才能够真正地认识自己、发挥自身的优势、接纳自身的弱点，并学会与不同的人沟通相处。

有句话说：“当局者迷，旁观者清。”如果一个人无法跳出来用第三只眼睛来看自己的话，是无法成为自己的教练的。九型人格就是“第三只眼”，它能够帮助我们提高洞察力和预见能力，不仅能够认识自己，还能洞察人心、了解他人、影响他人。唯有知己知彼，才能在复杂多变的社会生活中，建立和谐顺畅的人际关系，提高做事的效率，增加成功的机会。

最后，真诚地希望这本《九型人格：了解自我　影响他人的心理学》能够帮助每一位阅读它的朋友，借此找到真实的自己，开启通往幸福人生的大门。

倪彩

2018年4月

目录

contents

第一章

九型人格——破译性格密码的钥匙　/ 001

九型人格与心理学的渊源　/ 002

九型人格的集大成者们　/ 005

解读神秘的九角星图　/ 009

九型人格的三大智慧中心　/ 013

九型人格测试：你是哪一类人格？　/ 017

走出九型人格的4个误区　/ 024

第二章

1 号完美型——世界是不完美的，我要力图完美　/ 027

代表人物：切·格瓦拉　/ 028

性格闪光点：做人坚守原则，做事精益求精　/ 030

性格黑暗点：时刻担忧不完美，压抑自身的需求　/ 033

可能性成因：我若不完美，就不会被喜欢　/ 035

情感模式：我那么挑剔，都只因为我爱你　/ 037

职场角色：让人又爱又恨的“黑面包公” / 041

执念修正：告别极端思维，世界不是非黑即白的 / 044

第三章 / 047

2 号给予型——在爱中行走，是我活着的价值 / 047

代表人物：德兰修女 / 048

性格闪光点：无条件地爱人，出色的交际大师 / 051

性格黑暗点：永远把别人的需求放在自己之上 / 053

可能性成因：我若不讨好，就不会被关注 / 056

情感模式：只要是为了你，我什么都愿意 / 058

职场角色：天生的服务高手，用亲和力赢得人心 / 062

执念修正：被爱不依赖于为别人改变自己 / 066

第四章 / 069

3 号成就型——人生最大的悲剧就是一事无成 / 069

代表人物：拉里·埃里森 / 070

性格闪光点：只要愿意就可以做到最好 / 072

性格黑暗点：害怕与自己的内心世界接触 / 074

可能性成因：我若不出色，就不会被认同 / 076

情感模式：如花美眷，抵不过功成名就 / 078

职场角色：唯恐虚度光阴的“工作狂人” / 082

执念修正：把扮演的形象和真实的自我区分开 / 085

第五章 / 087
4 号浪漫型——世俗令我厌倦，生活永远在别处 / 087

代表人物：亚里士多德 / 088
性格闪光点：始终怀有一颗“真善美”的心 / 091
性格黑暗点：过分追求自认为缺失的美好 / 094
可能性成因：我若不独特，就没有人爱我 / 096
情感模式：于茫茫人海寻找灵魂伴侣 / 098
职场角色：不走寻常路的“美学践行者” / 102
执念修正：别让夸大的情感替代真实的美好 / 105

第六章 / 107
5 号观察型——冷眼看人间，活成一个旁观者 / 107

代表人物：李嘉诚 / 108
性格闪光点：一生都在发挥思考的力量 / 110
性格黑暗点：对私人时间和空间过分贪求 / 113
可能性成因：我若没知识，就不会被重视 / 115
情感模式：渴望真情，却又害怕靠近 / 117
职场角色：心无旁骛的“资深专家” / 121
执念修正：不要把自己的心“隐居”起来 / 125

第七章　/ 127

6 号怀疑型——危险无处不在，我要步步为营　/ 127

代表人物：任正非　/ 128

性格闪光点：凡事深思熟虑，为人朴实忠诚　/ 131

性格黑暗点：受困于对自己和他人的怀疑　/ 133

可能性成因：我若不顺从，就会被孤立　/ 135

情感模式：不时地考验爱人，只为求得心安　/ 137

职场角色：最具忧患意识的“忠诚卫士”　/ 140

执念修正：生命不是一场“防御”的游戏　/ 144

第八章　/ 147

7 号享乐型——把人间的不美好化为乌有　/ 147

代表人物：沃尔特·迪斯尼　/ 148

性格闪光点：活着最重要的是开心　/ 151

性格黑暗点：出于心理补偿而夸夸其谈　/ 153

可能性成因：我若不享乐，就不会有自由　/ 155

情感模式：只要爱情的愉悦，不要被束缚　/ 157

职场角色：善于自由发挥的“多面手”　/ 161

执念修正：逃避痛苦和得到快乐是两回事　/ 164

第九章　/ 167
8 号领导型——我威故我在，一切都要听我的　/ 167

代表人物：李小龙　/ 168
性格闪光点：富有正义感的“真心英雄”　/ 171
性格黑暗点：以自我为中心和极端思维　/ 173
可能性成因：我若不强大，就不会被在乎　/ 175
情感模式：我的爱情，我全权做主　/ 178
职场角色：天生能以威信服众的领导者　/ 182
执念修正：承认自身的局限不等于软弱　/ 185

第十章　/ 187
9 号调停型——为了和平，我愿意把自己忘记　/ 187

代表人物：甘地　/ 188
性格闪光点：善解人意的和平使者　/ 190
性格黑暗点：为了成全别人而委屈自己　/ 192
可能性成因：我若不妥协，就不会被善待　/ 194
情感模式：我是爱你的，你是自由的　/ 196
职场角色：团队中最有效的“润滑剂”　/ 201
执念修正：随波不是逐流，随和不是没主见　/ 205

第一章

九型人格——破译性格密码的钥匙

九型人格与心理学的渊源

这个世界上，你最想了解的东西是什么？当答案被限定为一个事物时，多数人在思考过后，几乎都会给出一个相同的答案——我自己！

认识自我是人类的天性，但也是最不容易的事。可能你会疑惑：人为什么都渴望了解自己呢？说到底，无非是两方面的因素：好奇+实用。

心理学家认为，人的本性是不满足，而好奇就是不满足心态的一种外在表现形式。人会通过好奇来促使自己去了解更多的事物，从而缓解不满足的需求。正因为人有好奇心，才使得人生充满了问题，这些问题有些已被前人解答，有些还亟待回答。如此一来，人生就成了不断发现问题和解答问题的过程。

人渴望了解自己，除了满足好奇心以外，还希望能够生活得更好。仔细回想，人似乎永远都是在感到困惑和痛苦的时候，才会提出各种疑问，滋生渴望了解自己的欲望。事实上，导致我们产生负面情绪的并不是外界的人和事，而是我们对事物的看法。换而言之，问题的根源在于我们自己，所以要解决问题，还得从自身入手。

那么，我们应该用什么样的方式来认识自己、了解自己呢？

这就涉及到了应用心理学的问题。应用心理学致力于把心理学理论用在促进人类社会的发展、解决人类心理问题的实践活动中，它分为多个研究方向。九型人格作为一个定位人的本性、人的内心如何运作的工具，可以帮助人们更好地洞察自己和他人那些强烈的情绪，并分析成因，使人们能够更好地认识自我，完善自我。

从这个角度来讲，九型人格也属于应用心理学的一个分支。

九型人格，英文名称是Enneagram，它源自于希腊文Ennea（九）以及Gram（图形）两个词语，其意思是指由“九”所构成的图形，现在则专指九型人格学说。

九型人格是研究人格的一种方法，起源时间和形成经过已不可考证，但研究者普遍认为，这是一门古老的智慧，可追溯到公元前2500年甚至更早。多数人认为，九型人格来自于公元9世纪中亚和波斯地区兴起的神秘信仰——苏菲教，其教义认为：在人追求至高觉悟的过程中，人的性格将成为他们发掘自身潜力的引导者。

据说，当时的苏菲教中有一位长者，很擅长开导人，被人称为“灵性教师”。他经常跟弟子们一起探讨问题。随着接触的增多，灵性教师发现了一个问题：不同的弟子有不同的表现，有的不修边幅，有的很在意形象；有的喜欢沉思，有的却善于辩论；有的急于知道答案，有的却能安静地享受分析问题的过程……这是什么原因导致的呢？

带着这个疑问，灵性教师开始对人的各种表现进行分析、总结，并把有同一性格特征的人归为一类，最终共总结出9种类型。后来，又经过更多的调查研究，灵性教师发现，生活中的每个人都离不开下面这9种类型：

1号型人格——完美型；

2号型人格——给予型；

3号型人格——成就型；

4号型人格——浪漫型；

5号型人格——观察型；

6号型人格——怀疑型；

7号型人格——享乐型；

8号型人格——领导型；

9号型人格——调停型。

最初的“九型人格”，就这样诞生了。

九型人格的集大成者们

九型人格的发展，不同于其他的性格分析工具，它完全是靠口头传播沿袭下来的，并没有留下相关的历史记载。所以，我们很难知道那些在古代为九型人格传承做出贡献的智者的名字了。幸好，乔治·伊万诺维奇·葛吉夫把九型人格带入了西方，让全世界范围内都开始陆续接触和了解这一性格分析说，并开始了九型人格的文字历史，让我们在今天能够方便地查阅和利用它进行性格分析和自我提升。

对于这些在九型人格发展和传承之路上做出巨大贡献的大师们，无论是出于对这门性格分析学说发展史的了解，还是对他们潜心进行研究的尊重与敬仰，都应当记住他们的名字。

乔治·伊万诺维奇·葛吉夫

一位有着希腊血统的俄罗斯热血青年，自小就喜欢神秘主义，认为一些关于宇宙发展变化的真理早在古代就已经产生，只是逐渐失传了而已。他发心到神秘主义聚集地的世界各地去寻找失传的真理。不久之后，一群热血青年全都加入了他的团队，他们不定期地在一起交流各自的发现和研究。

这个热血青年就是葛吉夫，据说他在阿富汗地区的苏菲教徒那里发现了九型人格，并将其带入西方，用于自己的教学实验。现在，有许多关于葛吉夫及其相关理论的著作都涉及了九型人格系统，只是多数都没有提及葛吉夫是如何运用这套系统来观察人们的潜质，或是这套系统究竟为他提供了哪些有利信息。毕竟，在葛吉夫的时代，没有任何文字是真正关于九型人格的性格研究的，葛吉夫的弟子们在继承这一理论时，也是从他这里学习，可大部分弟子都难以领悟葛吉夫对于九型人格的深层次解读，他们把大部分的精力都放在了一种无须语言表达的肢体运动上，这种运动被称为葛吉夫的神圣舞蹈，参与者在无意识的状态下做出各种肢体动作，从而感受自己身体的韵律，却忽略了研究的核心：怎样使用九型人格？

当然，也可能因为葛吉夫所处的时代，心理学发展水平还不足以让人们了解九型人格的奥秘，所以他只教给了弟子们一些浅显的知识。不过，从葛吉夫对于这个系统的使用方式，以及他对有关九角星图（后面会详细介绍）与性格关系问题的回答上来看，他显然知道其中的奥秘。至于他为何没有把这种深刻的解读传承下来，就无从知晓了。

奥斯卡·伊察索

葛吉夫把九型人格带入了西方，教给了人们如何训练注意力，但真正把这门学说发扬光大的却另有其人，那就是艾瑞卡学院的创办人奥斯卡·伊察索。伊察索把人类的9种情绪加入到九型人格中，并将这套学说用作人类心理训练的教材。艾瑞卡学院最先在智利的艾瑞卡市成立，后来又在美国开设了艾瑞卡学院。伊察索所做的最大贡献是，他为九角星的每个角找到了对应的性格类型和情感，当这9种性格类型有了正确的位置后，我们才能够解释清楚不同性格的相互关系。

不少的心理学家、精神病学家都曾经跟随伊察索学习九型人格，也正因为此，九型人格才得到了系统化和广泛化的传播。

克洛迪奥·纳兰霍

克洛迪奥·纳兰霍是智利的一位精神病专家，他不仅喜欢研究药物对精神病的治疗作用，还喜欢探索心理学和冥想训练方面的内容。1970年，纳兰霍开始研究全新的解读性格类型的方式，以便更好地理解精神病人的心理障碍。经过多次的实践，他最终选择用九型人格来解读人的性格类型。他相信，在公元5世纪的基督教隐修士的“潜在的情绪”和当代心理学研究的各种症状之间，必然存在着紧密的联系。为此，他组织了一个研究小组，成员共计30余人，共同研究这种紧密联系，以及两者之间的共通点。1972年，这个工作小组获得了重大的研究成果。

海伦·帕尔默

海伦·帕尔默是克洛迪奥·纳兰霍的工作小组的成员之一，当研究工作圆满结束后，海伦·帕尔默创办了一个九型人格专业培训班，为的是让更多的精神治疗师了解九型人格的解读方式。此外，帕尔默还与美国著名精神病学家戴维·丹尼尔斯合作，让培训班的知名度得到了广泛的提升。不仅如此，他还以国际九型人格协会创始主任的身份主办了

1994年在斯坦福大学举办的第一届国际九型人格会议。

帕尔默的贡献在于进一步将九型人格发扬光大，扩大了其应用范围，包括个人成长、办公室管理、人际关系处理的方法，近年来更扩展到夫妻相处、教育子女和亲子关系方面，其著作《九型人格》《工作和恋爱中的九型人格》畅销全球，目前已有22个国家的译本。

戴维·丹尼尔斯

戴维·丹尼尔斯是美国斯坦福大学医学院临床精神科的教授，也是九型人格体系的创始人。1977年，美国的亚历山大·汤玛斯和史黛拉·翟斯两位医生在《气质和发展》一书中提到：我们可以在出生后第二至第三个月的婴儿身上辨认出9种不同的气质：活跃程度、规律性、主动性、适应性、感兴趣的范围、反应的强度、心理素质、分心程度、专注力范围或持久性。以此为基础，丹尼尔斯把这9种不同的气质跟九型人格结合起来，并与著名的性格分析专家弗吉尼亚·普赖斯历经7年的潜心研究，开发出一套九型人格的"五步测试法"，这种测试方法能够让人们精准地透视自己和他人的性格，并成为斯坦福大学商学院的必修工程，且得到苹果、保洁、通用汽车等世界500强企业员工和管理者的分享。

当然，还有众多学派和应用领域的九型人格研究者和贡献者，以及国内许多兢兢业业的学者和导师，因篇幅有限，我们在此不做全部说明。

解读神秘的九角星图

前面我们提到过“九角星图”，在这个小节中，我们就来具体讲一讲九角星图的问题。

九型人格的英文是Enneagram，源自于希腊文Ennea以及Grammos两个词语，其中Ennea的意思是指数字“9”，而Grammos 的意思是“尖角”，两个词结合在一起就是指“九个尖角”。九型人格的图标，刚好是一颗九角星，这个图形能够揭示物质世界中任何事物的发展过程，苏菲教中将这种九角星模式用来研究宇宙的变化过程和人的自我意识发展。

这个神秘的九角星图，到底该怎样来解读呢？

我们可以采用“三元法”和“七元法”，因为九型人格中那颗神秘的九角星恰恰揭示了这两个基本法则的相互关系。三元法，象征任何事件在起始阶段所具备的三股力量；七元法，象征世上万物发展所必须经历的不同阶段。这两种法则，在九型人格的结构图中被巧妙地结合起来了。

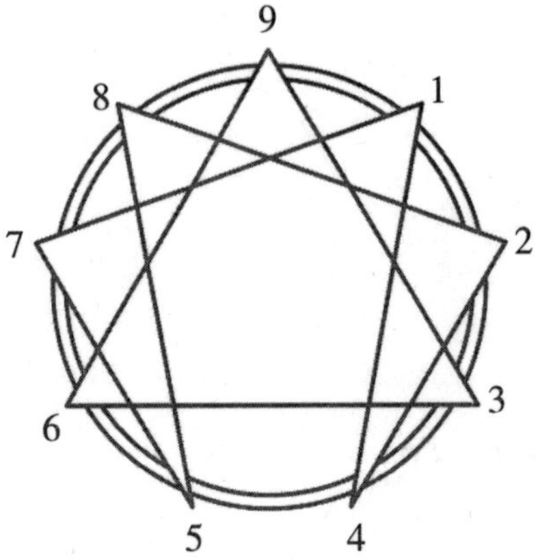

上面就是九角星图，从结构上看似乎有点复杂，但其实很简单：在一个圆的圆周上有9个等分点，分别标注为数字“1~9”，数字9位于圆的最上部正中，意在体现对称。3、6、9 3个数字的位置，刚好构成一个等边三角形，它代表着“三元法”，表明事物的发生是三股力量的必然作用，而不是表面上的两种力量——原因和影响。

从数学的角度上看，九角星图中由3、6、9 3个尖角所构成的中心三角形，可被视为最初状态下的三股力量的三位一体，其原始总量是1，用算数的方法将这个力量统一体1均分成3份，得到一个无限循环数，即1÷3＝0.333333……

这三股力量的外在象征会随着事物发展的变化而变化。比如，在事物的最初阶段出现的协调力，会随着时间的推移，在事物发展的下一个阶段逐渐转变成主动力。因此，人们需要准确了解事物每个发展阶段中这三股力量的具体象征和相互作用，才能保证事物良好地发展下去。透过九角星图，我们能够发现事物发展过程中某些隐性的方面，比如，在什么时候需要注入全新的力量来维持生命力，能够很好地协调这三股力量，维持整体的平衡。

“七元法”在事物的发展过程中，也发挥着重要的作用。七元法是从音乐中的八度音阶发展而来的，因此也被称为“八音律”。熟悉音乐的人都知道，音乐中的基本音阶有7个，从Do开始循环，Do、Re、Mi、Fa、So、La、Ti（或Si）、Do，这个八度音阶所形成的八音律也代表着现实世界中事物发展的不同阶段。七元法与统一的关系，从数学角度上看，1÷7＝0.142857142857……得到的也是一个无限循环小数，其中每一位数都不是3的倍数。

总而言之，整个九型人格图就是一个分成9个部分的圆形，三元法和七元法被这个圆形融合在一起，并通过圆形内部的连接线条相互作用。

在九角星图中，数字3、6、9构成一个等边三角形，代表着三位一体的理念，而其他的6个点两两相连，构成一个不规则的六角形，继而构成一个完整的九角星图。根据早期对性格类型的分析，将9种不同的性格类型分别代入九角星图中的不同数字位置，就形成了九型人格图。

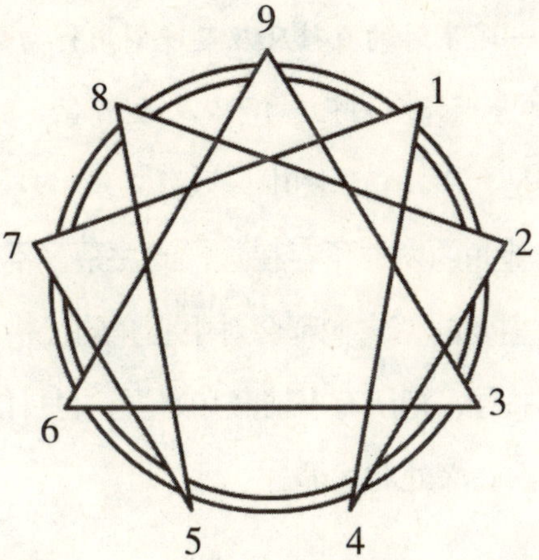

如图所示，九型人格依照人的不同气质类型，将人的性格分成了9个人格基本类型，即：完美型、给予型、成就型、浪漫型、观察型、怀疑型、享乐型、领导型和调停型，每个人都必然属于其中的一种类型，且稳定不会改变。

在九型人格图中，我们将3、6、9号所代表的性格，称之为核心性格。位于这3个核心角两侧的邻角，被称为核心角的两翼，代表的是核心性格内化或外化的变异类型。也就是说，两翼角的性格是由核心角性格发展而来的，其中潜藏着核心角性格的特质，并具有潜在的共同特点。比如，3号性格的两翼是2号和4号，它们都跟3号一样有着丰富的想象力；6号性格的两翼是5号和7号，都有多疑而恐惧的心理。为此，心理学家根据3种核心性格及其两翼的特征，又将九型人格分为3个三元组：

情感三元组——遇事时的直接反应是源于情绪、感觉和感情；

核心性格——3号成就型内化、4号浪漫型外化、2号给予型。

思维三元组——遇事时的直接反应是源于分析、了解和总结；

核心性格——6号怀疑型内化、5号观察型外化、7号享乐型。

本能三元组——遇事时的直接反应是即刻用行动去解决问题；

核心性格——9号调停型内化、1号完美型外化、8号领导型。

特别要说明的是，在九角星图中，只有3、6、9号角的两翼是其内化或外化的表现，其他角的两翼不存在这样的关系。不过，即便如此，任何角的两翼都是很重要的，它们都会对中心角的性格产生影响。比如，4号性格既可能偏向5号，把所有事情藏在心里；也可能偏向3号，用积极亢奋的表现来掩饰内心深处的忧郁。

九型人格的三大智慧中心

在研究九型人格时，葛吉夫和伊察索都发现了一个问题：人的智慧有3种形式，即精神智慧、情感智慧和本能智慧，这3种智慧分别对应人身体的3个中心：

精神智慧——思维的中心——大脑；

情感智慧——感觉的中心——心脏；

本能智慧——身体的中心——腹部。

在此基础上，美国一位研究九型人格的知名学者凯伦·韦布在他的著作《九型人格：重现古老的灵魂智慧》中，把九型人格分为3类：

第一类：脑中心——也称思考中心，以思考和理性为导向，产生精神智慧的是思维的中心，包括5、6、7号人格。

脑部中心是我们思考的所在，包括分析、记忆、投射有关他人和事件的观念，以及计划未来的活动等。这个区域对应位置是“第三眼”，也就是西藏密宗冥想所运用的观想中心。

如果你是5、6、7号等以头脑为主的人格类型，你倾向于用思想来回应生活，在看待世界时通常会受到心理能力的影响。这类人格的人通常有丰富的想象力，以及分析和联结观念的能力，懂得运用心理能力来帮助自己减少焦虑、控制潜在的麻烦，以及用分析、想象、预测和计划来获得一种确定感。换而言之，这类人格的人无论何时都能沉浸在自己的思考中，获得全然的满足。思考对他们而言，是身处这个具有潜在威胁的世界中，防范恐惧于未然的方式，而这一切都是无意识的。

第二类：心中心——也称情感中心，以感受和感性为导向，产生情感智慧的是感觉的中心，包括2、3、4号人格。

心的中心是我们经验情绪的所在，借助那些无言的感官经验，告诉我们有什么感觉，而不是我们对事情的想法。心的情绪范围包含了从最强烈、戏剧化到最细微、几近无声的所有感觉。我们从这个中心能感觉到和他人的联系，以及一种追求爱和充实的渴望，这也是苏菲训练和许多基督教练习中要打开的中心。

如果你是2、3、4号人格的类型，在看待世界的时候，往往会受到情商的影响，喜欢通过关系在世界进行运作，有时也被称为“形象类型”，会很在意别人的看法，以及它和自己的关联。具体来说，这类人格的人会使自己的情绪、感受和他人保持一致，从而维持自己和他人之间相互联系的感觉。无论别人有没有意识到，他们都能迅速感受到他人的需要或是心情，并给予回应：一个成功的关系能够驱逐这个中心特有的空虚感与渴望。可以说，这类人格的人比其他人格类型的人更依赖他人的看法和认同，他们需要用其支撑自己的尊严和被爱的感觉，让自己得到持续不断地关注和认可。

第三类：腹中心——也称为腰中心，以行动为导向，产生本能智慧的是身体的中心，包括8、9和1号人格。

腹部中心跟思考、感觉对照起来，它是我们本能的焦点，也就是存在感。这是我们在物质世界中行动所需的能量和力量来源。这个中心的所在位置，是中国人和日本人所称的丹田，也就是禅修的焦点。

8、9、1号等人格类型都属于以腹部为中心的，他们会把焦点放在存在本身，在看待世界上容易受到身体感觉和内在本能的影响。他们的本能就是行动，即便他们已经思考过全部的细节，还是会基于根本的感觉去谈论正在打基础的决定和行动。他们以“自我遗忘”而出名，因为他们可能觉察不到对自己来说什么才是真正的优先事项。他们通过行动在这个世界上补充能量，并缓和愤怒，对1号和9号类型的人来说，只有在少数情况下才会直接表现出愤怒来。也就是说，这些人格类型的人会运用自己的地位和力量过自己想要的生活，他们的处事策略能够保证他们在这个世界中的位置，且能够把不适应感降到最低。

很多人在生活中经常会忽略本能智慧，也就是腹部中心的活动基本上都是毫无察觉的，但我们可以从3个基本方面感受它的影响，这3个方面就是：身体生存（自我保护）、情爱关系和社会生活关系。

海伦·帕尔默曾经用一个故事来描述3种基本属性的关系：一个放牛的孩子坐在一个三角凳上挤牛奶。牛奶代表收获的知识和生活的营养；三角凳的一条腿坏了，于是放牛的孩子在挤牛奶时，关注的焦点不是牛奶，而是凳子的那条坏腿。

这个故事的寓意是想告诉我们：每个人都拥有3种最基本的关系领域，其中一种关系比另外两种更容易受到伤害。当我们的某一种关系受到损伤时，我们就会在精神上格外关注这个方面，以缓解由此引发的焦虑。

最后要说的是，每个人都有大脑、心脏和腹部，因此人人都能拥有与之相应的3种智慧，并会在实际的生活中自觉或不自觉地用到上述3个中心，但每种人格类型都会偏重其中的一种，作为他们感觉并回应事件的主要渠道。所以，不要狭隘地看待九型人格的3种智能中心，而让自己陷入一种类型的枷锁中。

九型人格测试：你是哪一类人格？

看到这里，你一定很好奇：我属于哪一类人格呢？别着急，这里有一个简单的测量表，能够在很短的时间内初步判断你是属于九型人格中的哪一种类型？

下面共有108个性格描述测试题，记录下你认为符合自己性格描述的题号，参考测试题后的题号分类，统计出你拥有的哪种性格类型的描述最多。不过，这个统计的结果只可作为一个参考结论，要做更准确地判断，还需要对九型人格进行深入地了解和揣摩分析后才能获得。

1. 我很容易迷惑。
2. 我不想成为一个喜欢批评的人，但很难做到。
3. 我喜欢研究宇宙的道理、哲理。
4. 我很注意自己是否年轻，因为那是我找乐子的本钱。
5. 我喜欢独立自主，一切都靠自己。
6. 当我有困难的时候，我会试着不让人知道。
7. 被人误解对我而言是一件十分痛苦的事。
8. 施舍比接受会给我更大的满足感。

9. 我常常试探或考验朋友、伴侣的忠诚。

10. 我常常设想最糟糕的结果而使自己陷入苦恼中。

11. 我看不起那些不像我一样坚强的人，有时我会用种种方式羞辱他们。

12. 身体上的舒适对我非常重要。

13. 我能触碰生活中的悲伤和不幸。

14. 别人不能完成他的分内事，会令我感到失望和愤怒。

15. 我时常拖延问题，不去解决。

16. 我喜欢有戏剧性、多姿多彩的生活。

17. 我认为自己非常不完善。

18. 我对感官的需求特别强烈，喜欢美食、服装、身体的触觉刺激，并纵情享乐。

19. 当别人请教我一些问题，我会巨细无遗地分析得很清楚。

20. 我习惯推销自己，从不觉得难为情。

21. 有时我会放纵自己，做出不理智的事情。

22. 帮助不了别人会让我觉得痛苦。

23. 我不喜欢别人问我广泛、笼统的问题。

24. 在某方面我有放纵的倾向（例如食物、药物等）。

25. 我宁愿适应别人，包括我的伴侣，而不会反抗他们。

26. 我最不喜欢的一件事就是虚伪。

27. 我知错能改，但由于执着好强，周围的人还是感觉到有压力。

28. 我常觉得很多事情都很好玩，很有趣，人生真是快乐。

29. 我有时很欣赏自己有权威，有时却又优柔寡断，依赖别人。

30. 我习惯付出多于接受。

31. 面对威胁时，我一是变得焦虑，二是对抗迎面而来的危险。

32. 我通常是等别人来接近我，而不是主动去接近他们。

33. 我喜欢当主角，希望得到大家的关注。

34. 别人批评我，我也不会回应和解释，因为我不想发生任何争执与冲突。

35. 我有时期待别人的指导，有时却忽略别人的忠告，径直去做我想做的事。

36. 我经常忘记自己的需要。

37. 在重大危机中，我通常能克服对自己的质疑和内心的焦虑。

38. 我是一个天生的推销员，说服别人对我来说是一件容易的事。

39. 我不相信一个我一直都无法了解的人。

40. 我喜欢依惯例行事，不大喜欢改变。

41. 我很在乎家人，在家中表现得忠诚和包容。

42. 我被动而且优柔寡断。

43. 我很有包容力，彬彬有礼，但跟人的感情互动不深。

44. 我沉默寡言，好像不会关心别人似的。

45. 当我沉浸在工作中或自己擅长的领域时，别人会觉得我冷酷无情。

46. 我常常保持警觉。

47. 我不喜欢要对人尽义务的感觉。

48. 如果不能完美地表态，我宁愿不说。

49. 我的计划比我实际完成的还要多。

50. 我雄心勃勃，喜欢挑战和登上高峰的滋味。

51. 我倾向于独断专行并自己解决问题。

52. 我很多时候感到被遗弃。

53.我常常表现得十分忧郁的样子，充满痛苦而且内向。

54. 初见陌生人时，我会表现得很冷漠、高傲。

55. 我的面部表情严肃而生硬。

56. 我很飘忽，常常不知自己下一刻想要什么。

57. 我常对自己很挑剔，期望不断改正自己的缺点，从而成为一个完美的人。

58. 我非常敏感，并经常怀疑那些总是很快乐的人。

59. 我做事有效率，会找捷径，模仿力特别强。

60. 我讲理，注重实用。

61. 我有很强的创造天分和想象力，喜欢将事情重新整合。

62. 我不要求得到很多的关注。

63. 我喜欢每件事情都井然有序，但别人会以为我过分执着。

64. 我渴望有完美的心灵伴侣。

65. 我常夸耀自己，对自己的能力十分有信心。

66. 如果周围的人行为太过分，我一定会让他难堪。

67. 我性格外向，精力充沛，喜欢不断追求成功，这使我的自我感觉十分良好。

68. 我是一位忠实的朋友和伙伴。

69. 我知道如何让别人喜欢我。

70. 我很少看到别人的功劳和好处。

71. 我很容易看到别人的功劳和好处。

72. 我嫉妒心强，喜欢跟别人比较。

73. 我对别人做的事总是不放心，批评一番后，会自己动手再做。

74. 别人会说我常带着面具做人。

75. 有时我会激怒对方，引来莫名其妙地争吵，其实我只是想试探对方爱不爱我。

76. 我会极力保护我所爱的人。

77. 我常常刻意保持兴奋的情绪。

78. 我只喜欢与有趣的人为友，对一些无聊的人懒得交往，即使他们看起来很有深度。

79. 我常往外跑，四处帮助别人。

80. 我有时会因讲求效率而牺牲完美和原则。

81. 我似乎不太懂得幽默，没有弹性。

82. 我待人热情而有耐性。

83. 在人群中我时常感到害羞和不安。

84. 我喜欢做事高效率，讨厌拖泥带水。

85. 帮助别人达到快乐和成功是我最大的成就。

86. 付出时，别人若不欣然接受，我便会有挫败感。

87. 我的肢体硬邦邦的，不习惯别人热情的付出。

88. 我对大部分的社交活动不太感兴趣，除非那是我熟识的和喜爱的人。

89. 很多时候我会有强烈的寂寞感。

90. 人们很乐意向我表白他们所遭遇的问题。

91. 我不但不会说甜言蜜语，而且别人会觉得我唠叨不停。

92. 我常担心自由被剥夺，因此不爱讲承诺。

93. 我喜欢告诉别人我所做的事和所知的一切。

94. 我很容易认同别人为我所做的事和所知的一切。

95. 我要求光明正大，为此不惜与人发生冲突。

96. 我很有正义感，有时会支持不利的一方。

97. 我注重小节而效率不高。

98. 我容易感到沮丧和麻木，更多于愤怒。

99. 我不喜欢那些侵略性或过度情绪化的人。

100. 我非常容易情绪化，一天的喜怒哀乐多变。

101. 我不想别人知道我的感受与想法，除非我主动告诉他们。

102. 我喜欢刺激和紧张的关系，而不是确定和依赖的关系。

103. 我很少用心去感受别人的心情，只喜欢说说俏皮话和笑话。

104. 我是循规蹈矩的人，秩序对于我十分有意义。

105. 我很难找到一种我真正感到被爱的关系。

106. 假如我想要结束一段关系，我不是直接告诉对方而是激怒他，让他离开我。

107. 我温和平静，不自夸，不爱与人竞争。

108. 我有时善良可爱，有时又粗野暴躁，很难捉摸。

测试答案：

1号型人格完美型：2，14，55，57，60，63，73，81，87，91，97，102，104，106。

2号型人格给予型：6，8，22，30，69，71，79，82，85，86，89，90。

3号型人格成就型：20，33，38，59，65，67，70，72，74，77，80，93。

4号型人格浪漫型：7，13，17，52，53，54，56，58，61，64，100，105。

5号型人格观察型：3，19，23，32，42，43，47，48，51，83，88，99，101。

6号型人格怀疑型：9，10，26，29，31，35，37，45，46，68，75。

7号型人格享乐型：4，16，18，21，28，49，78，92，103。

8号型人格领导型：5，11，24，27，40，44，50，66，76，84，95，96。

9号型人格调停型：1，12，15，25，34，36，39，41，62，94，98，107，108。

走出九型人格的4个误区

九型人格是一种很实用的帮助个人成长的方法，但如果把它当成绝对的真理来使用，得到的往往不是快乐，而是痛苦。这是因为，九型人格作为一个系统，还需要进行多方面的实验和科学研究，才能将其进一步深化和完善。所以，大家在运用九型人格的时候，有几个误区是需要了解和规避的。

误区一：把自己固定在某一人格类型上

在观察自我时，九型人格大师不建议人们急于决定自己的型号，而是建议先缩小范围，因为九型人格中有一些型号之间存在相似之处，有较大的迷惑性。就算确定了自己的人格类型，也不能将自己固定在某一人格类型上，偏执地按照这种人格类型的优劣来约束自己。

我们找到自己人格类型的目的是什么？是为了真正地认识自己，向内探索、获得成长。九型人格只是一个起点，而不是绝对的真理。九型人格中的9种性格分类只是一个笼统的框架，并不能完全解释人们性格中的各种问题，因为每一种性格类型加上左右翼和三变数的变化类型，就使得核心性格之外的性格充满了变化性。正因为此，九型人格不但能够广阔又精准地描述每一种性格类型的特点，还能在细微之处区别出不同的性格类型。

误区二：急着用九型人格来判断周围的人

在了解人格型号后，不少人都会用它来判断身边的人。在这里，需要提醒大家，在刚开始使用九型人格技术判断他人时，不要急着告诉对方是哪种人格类型，因为你尚未达到能够深刻、熟练地运用九型人格技术的程度。可以先默默观察，有可能你今天对一个人进行了人格型号的判断，明天他就发生了变化，这样反复修改的话，不仅使自己迷惑，也会让周围人对你产生质疑。

误区三：用人格型号来评价人的好坏

人格本身只有不同，并没有所谓的好坏之分。每一种性格都有其优势和弱点，我们要做的是全面地去了解自身和他人，找到性格的负面倾向，加深认知，并将精神状态向好的方向引导。更何况，一个人的优势和劣势不是绝对的，两者在一定条件下可相互转化，我们不能因为具备某一方面的性格优势，就将一个人判定为优秀；也不能因为某一方面的性格存在劣势，就以偏概全地否定一个人的全部。

误区四：行为代表一个人的真正的自我

很多时候，人们判断一个人的性格，都是通过观察他的日常行为，认为行为能够比较准确地传达一个人的内在。实际上，作为一个人的内在因素——已有的性格，都是受后天影响形成的；而一个人的外在因素——行为，更是后天影响的结果。这就是说，一个人的行为不能代表一个人真正的自我，行为是会随着经历和生活改变的。

从行为的概念上来看，它是人类在生活中表现出来的生活态度和具体的生活方式，是在一定物质条件下，不同的个人或群体，在社会文化制度、个人价值观念的影响下，在生活中表现出来的基本特征，或受内外环境因素刺激而做出的能动反应。换而言之，人为了生存，已习惯于应对不同的环境、人物、气氛和情绪而可以改变自己的某些本能行为。

外在的因素，可能会把一个人塑造成天使，也可能会把一个人塑造成魔鬼。人的行为在很多时候并不能准确地表达其内在本质。单凭人们的行为来判断他的性格，未免有些狭隘。所以，在了解自己和他人时，要透过行为看到更深层次的东西，才能作出合理的决策。

第二章

1 号完美型——世界是不完美的，我要力图完美

“感谢上苍赐给我敏锐的分辨能力，以及追求真善美的心。在我努力上进时，帮助我学习宽容，也更有耐心；教导我原谅别人的过错，而非一味苛求；使我明白完美也有限度，并且能放轻松，享受生活，悠闲自在。”

——1 号完美型的祈祷

代表人物：切·格瓦拉

他是被称为“红色罗宾汉”的游击革命家，他也是被誉为“共产主义的堂·吉诃德”的理想主义者，他用39年的短暂时光谱写了一部生命传奇。他，就是切·格瓦拉。

1928年6月14日，切·格瓦拉出生在阿根廷罗萨里奥省。他接受过良好的教育，毕业于布宜诺斯艾利斯大学医学系。依照这样的条件，他本可以选择舒适安稳的生活，可那不是他想要的东西，他抛弃了世俗人眼中的美好，投身到了拉丁美洲的革命中。

1955年，格瓦拉在墨西哥流亡时认识了古巴革命者卡斯特罗，此后，他就加入了古巴的革命斗争。革命胜利后，他曾担任古巴国家银行行长、工业部部长。为了把古巴建设成为一个没有贫穷、没有剥削的新国家，格瓦拉多次出访国外，成了古巴著名的国务活动家。

1965年3月，格瓦拉出访亚、非洲国家，在他回到哈瓦那后，人们却没有听到他在古巴政坛上的消息。原来，这位革命家已经辞去了古巴党、政、军的一切职务，到了其他国家继续进行反帝斗争。这一切，连他最亲爱的母亲都不知情。

格瓦拉给卡斯特罗写了一封告别信，里面有这样一段话："哪里有帝国主义，就在哪里同它斗争；这一切足以鼓舞人心，治愈任何创伤。"

在格瓦拉看来，非洲俨然是遭受帝国主义压迫最严重的地区。他先在刚果东部金沙萨领导游击战争，1966年返回拉丁美洲，深入玻利维亚丛林开展"游击中心"的革命活动。1967年10月7日，格瓦拉的游击队伍被玻利维亚政府军包围，格瓦拉被俘。

1967年10月9日，格瓦拉被玻利维亚当局杀害，时年39岁。

在格瓦拉被政府军击伤并被捕后，审讯者问他："你现在在想什么？"

格瓦拉说："让我们面对现实，让我们忠于理想。"

格瓦拉是一个完美主义者，也是一个真正为理想而活的人；他是一个满怀激情的革命家，也是为正义、为真理献身的理想主义者。他在给子女的信中写道："你们应当永远对世界上任何地方、任何非正义的事情，都能产生最强烈的反感。这是一个革命者的最宝贵的品质。"

身为阿根廷人，格瓦拉为了正义投身于古巴的革命事业；作为古巴国家的开创者，格瓦拉为了真理放弃了已有的一切，深入玻利维亚丛林，在恶劣的环境中继续反帝的游击战争。

"堂·吉诃德"式的传奇人物不总是存在于书中，就像格瓦拉一样，他在不经意间给世人带来了惊奇与震撼，让我们领略到了一首用生命书写理想的史诗。

性格闪光点：做人坚守原则，做事精益求精

老师布置了一项作业：写一篇主题为“从狩猎中学会做人”的文章。有一个孩子拒绝完成，他在作业本上写道：“请老师原谅，这是一篇很无聊的作文，我拒绝完成。”

老师看过后，非常生气，但又不太理解，就找到他询问：“你为什么觉得这篇文章无聊？”

孩子毫无掩饰地回答：“我们全家都是动物保护者，狩猎是非法的，可这篇文章却要求我们写狩猎。”

老师恍悟，接着又问：“我们是想从作文中学到一些做人的道理，这跟动物保护没有冲突，你不应该拒绝呀！”

孩子很认真地说：“我不同意您的观点，如果连动物保护都做不到，还谈什么做人的道理呢？”

老师又解释：“这是一篇哲学小品文，想通过一个故事给人们一些启示，你想得太多了。”

孩子坚定地说：“不，我想得并不复杂，其实很简单，这篇文章触犯了我的原则。”

故事中的孩子，就是典型的1号型人格。

1号是九型人格中的完美主义者，他们的内心有着多重原则和标准，做任何事都以符合标准为成功的表现。如果一件没有标准的事情，通常会让他们感到无所适从。这个标准，可能是公司的作业流程、品质的要求、职位的责任、父母的教诲、社会的伦理道德等。但无论是什么标准，他们都会严格遵守，如果达不到原则和标准，他们会感到失望和痛苦。

他们不仅自己坚持原则，也希望别人这样做。他们看不惯别人稀里糊涂地过日子，看不惯别人对待事业懒散、不严谨的态度，他们认为自己有责任去教导对方，让他们有所改变。所以，在看到问题的时候，他们会忍不住提出来，同时耐心地给予帮助和引导。

完美型的人通常都很自律，时刻留意自己的言行，稍有逾矩的想法或举动，内心的批评家就会毫不留情地站出来进行自我批评。靠着这份严谨和自律，他们在工作上会精益求精，绝不会因为老板提出什么高要求而抱怨，因为他们自己设定的目标比老板的要求更高。

1号深具领袖的气质，他们富有创造力、判断力，也勇于创新。他们不喜欢依赖他人，对不能自动自发做事的人，和喜欢依赖他人的人，都会感到排斥。如果有人过于依赖他们，他们会感觉到包袱沉重和时间被剥夺。

1号在做事时通常会保持固定的习惯，就连刷牙这么一件很小的事情，在执行的过程中，也会有一套标准化流程，并且督促自己严格遵守，不允许自己偷懒和敷衍。

“早晨刷牙的时候，我就会一直在想，刷牙的正确方法应该是牙刷和牙齿呈45°角，上下轻刷，在牙齿咬合面前后轻刷，每个刷牙位置至少应该轻刷10次，每次刷牙时间至少持续3分钟，而且不要忘记刷舌苔……我按照这一个个标准来检验自己刷牙的方法是否正确，并且一项一项地检查，如果自己哪一项没有做到，就会觉得这是一次失败的刷牙。”

1号不仅喜欢跟自己较劲儿，还喜欢跟他人进行比较，他们希望通过比较来获得优越感，期待自己永远是优胜者，是完美的化身。

“我经常不自觉地跟人比较，且会对自己说：‘这个人比我有钱，可他没什么文化，这方面我比他强’‘这个人长得比我高，可身体素质却不如我，且他也显得有点瘦弱’‘这个人去过很多国家，可他的英语水平不如我，他去每一个国家对那些国家的体验程度也就比我差一大截了’……这种内心的比较，往往是在日常生活中不经意间就做出的，觉得自己占了上风的时候就很得意，可是如果他人获得了胜利，那我就会觉得自己是个失败者。”

这就是1号完美型人格的特质，他们时刻以高标准、严要求来对待自己和他人，注意力常常围绕在自己心目中的那个完美标准上，他们会自动参照这个标准来评判自己的思想和行为，并评判周围的世界。这种对完美孜孜不倦地追求，也促使着他们不断地进步和提升。

性格黑暗点：时刻担忧不完美，压抑自身的需求

“我总是担心自己会犯错，每天都活得战战兢兢，似乎不一小心就会犯下大错。我没办法接受那样的结果，若真如此，我就没有任何前途可言了。我每天都要提醒自己谨慎一点儿，生怕出了什么差错，会让别人认为我没有能力，或是批评我，我不知道该怎么承受和面对。”

1号型人格事事追求完美，对自己要求严苛，这种性格带给了他们自律和优秀，但也让他们活得步步惊心，时常担忧自己做的事情不够完美，担心犯了错会影响自己的前途。对不完美的恐惧驱使着他们十分关注细节，不允许自己出现任何差错。这种对不完美的过度忧虑，成了1号性格中的黑暗点，阻碍着他们的发展。因为世界本就不完美，固执地追求完美，只会让1号类型的人看到自己对现实的无能为力，从而变得急躁、自卑，甚至是急功近利。

我们说过，1号的内心里住着一个“批评家”，总是对他们心中的正常欲望进行压制，而这种心态的外在表现就是，经常在面对选择时陷入两难的困境。

“今天有一项重要的工作必须完成，有可能得加班。这让我很苦

恼，因为今天也是我的生日，一群朋友都在等着为我庆生。好不容易快弄完了，却发现文件里有一个错误，我的内心很纠结：一个声音要求我必须把这件事做完美才能走，可在返工的过程中，另一个声音又在指责我放了朋友们的‘鸽子’，自责感油然而生。两个小时之后，工作的问题总算搞定了，可我一点也高兴不起来，反倒是为了取消聚会而耿耿于怀。”

类似这种未被满足的个人需求，给1号带来了愤怒和痛苦，让他们不得不屈从于内心的“批评家”的威力。可是，他们内心的不满并没有消除，还会不时地爆发一下。为了跟“批评家”和平相处，1号会在自己的内心世界建立一个“活动门”，让“批评家”住在上层，自己的需求住在下层。

在1号的价值观里，体贴自己和追求完美之间是冲突的，享乐就意味着堕落。即便他们知道自己真正的需求是什么，也会因为各种缘由，让自己在不满的痛苦中沉沦。这样做的结果，是不是就完美了呢？

很遗憾，当内心真正的希望被一系列“应该”压制和取代后，明明感到烦恼却强颜欢笑，明明怒气冲天却故作冷静。这样一来，就偏离了真正的方向，离渴望的完美境界越来越远。

可能性成因：我若不完美，就不会被喜欢

“孩子，永远都要坐在前排。不管做什么事情，都要力争一流，永远走在别人前面，而不能落后于人。就算是坐公共汽车，你也要永远坐在前面。遇到问题，不可以说‘我不能’或是‘太难了’。”

这是20世纪30年代，英国一个小镇上的父亲，对其年幼女儿的教诲。女孩很听父亲的话，从小就养成了不断追求完美的习惯。在日后的学习、生活和工作中，她牢记父亲的教导，时刻抱着追求完美的信念，尽最大的努力去克服一切困难，事事必争一流。

多年后，这个女孩当选了保守党党魁，后又被称为英国第一位女首相，雄踞政坛长达11年之久，被世界政坛誉为“铁娘子”。她的名字，叫玛格丽特·撒切尔。

看过了撒切尔的成长经历，想必你也猜到了，1号完美型人格者的童年，往往都遭受过炮火般严格地洗礼，父母在各种问题上都对他们提出严苛地要求。有的孩子即便考试得了99分，也会被追问：那1分是怎么丢的？时间久了，1号孩子就会害怕犯错，变得小心翼翼，希望能以完美的表现来讨取父母的喜欢。他们总是会叩问自己：“我做得好吗？”“他

们会满意吗？”父母一句肯定的话，就能让他们长舒一口气，感受到快乐。

为了获得父母的肯定，1号孩子经常会主动做出大量的牺牲，从内心对自己严格要求，试图达到父母对自己的要求。渐渐地，他们就习惯了用完美的标准要求自己，并进行严格地自我控制，而他们的内心也会因此产生巨大的压力，最终形成苛求完美的性格。

当他们没有达到完美的标准时，就会产生失望和不满的情绪；遇到一些违背标准的事，也很容易感到愤怒和不满，认为事情不该如此。这种过分追求完美的态度，时常让他们在生活中感到困惑，甚至萌生力不从心之感。这种情绪会转化为对自己“不完美”的自责和愤怒，在内心产生挫败感，而这种消极的感觉又被他们压抑在心里，从而在心中为自己构筑起一道愤怒而内疚的枷锁。

情感模式：我那么挑剔，都只因为我爱你

每个人都渴望拥有至亲至信、道德高尚的亲人、朋友、伴侣和同事，1号恰恰就是这种类型的人。在健康的状态下，他们是所有人格中最恪守道德和规矩的人，不过这种道德不一定是社会主流道德，很大程度上是1号自己制定的更高标准的道德。

1号有着极强的自律性，为了维护心中的原则和道义，不惜做出巨大的牺牲。从品格上来讲，1号比其他类型的人更接近大众心中的“完美”形象。在亲密关系中，他们也延续了这一作风。1号总觉得自己身上还有诸多不足，不值得别人去爱，且他们很难相信别人愿意接纳自己的优点和缺点。所以，当他们跟对方的关系愈发亲密时，也会变得愈发紧张。

处理情感问题时，1号通常都很认真，生怕自己的言行失误而惹对方讨厌，从而导致对方离开自己。他们经常会自我反省哪儿做得不够好，试图把缺点全都隐藏起来。然而，越是害怕被人拒绝，自我保护的潜意识就会促使他们去挑剔别人的错误，以此来平衡苛责自己的焦虑感。他们会不断纠正对方身上的“不足”，事实上，很多时候对方只是没有按照他们的标准行事罢了。1号很少察觉到，他们在挑剔的过程中积压了很

多怒火，一不留神就会做出伤害他人的言行举止。

他们渴望完美的感情，总希望把对方改造成自己心中理想的样子。当矛盾激化时，1号会变得更加挑剔，绞尽脑汁地去找对方的缺点。尤其是伴侣违反了某些原则时，更是让他们难以忍受。

其实，倒也不是1号真的气度狭小，不肯接受对方的缺点，他们只是希望对方能够承认错误，而不是找借口。只要对方肯认错，他们会因为对方的态度而放弃挑剔，认真地帮助对方去完善自我。

追求完美的1号总是认为幸福的爱情只能产生好的想法和感受，如果爱情出现了负面的东西，1号很可能会想把一切都毁灭。在他们看来，爱情要么是美好的，要么就是可怕的，这也是他们习惯性的思维模式。

情感互动指南

在亲密关系中，如何跟习惯追求完美、喜欢挑剔别人、苛责自己的1号相处呢？

·多赞美1号对家庭的辛勤付出

1号在生活中往往会把家庭责任进行明确划分，你负责这个，我负责那个，各自完成各自的责任，互不干涉。处理问题，明确分工能够获得高效率的结果；然而，在感情里明确分工，却只能加深彼此的隔阂感。加之1号很少用甜言蜜语跟伴侣沟通，故而给对方一种“无趣”之感，甚至引发冲突。

要处理这个问题，作为1号的伴侣，需要经常赞美1号为家庭的辛勤付出，让他们有一种被关注、被理解的感觉。同时，还要引导他们去表达内心的感受和情感需要，让他们明白，除了家庭责任以外，爱的感觉才是相互吸引、相守一生的关键。

·注重家居环境，养成有条理的习惯

1号理想的爱情是两个人步伐一致，共同进步。他们个性严谨、做事很有条理，希望生活处于井井有条的状态中，任何无条理或无秩序的事情，在他们看来都是不可原谅的。

有人做过一个关于家居环境对幸福指数影响的调查，结果表明：89.5%的人都认为改善家居环境能够提高家庭幸福指数，84.6%的人看到家里脏乱会心情变差，53.8%的人会因家里脏乱跟伴侣吵架，40.5%的人认为家里脏乱是导致离婚的原因之一。所以说，创建一个干净整洁的家居环境，也是促进亲密关系的途径。

作为1号的伴侣，也当养成良好的生活习惯，即便做不到像1号那样井井有条，至少保证用完东西放回原位。如果你总是“破坏”1号辛苦打理干净的家居环境，会让他有一种不被重视的感觉。虽是无心之举，可这种行为会被他解读成你犯的错，他会像家长一样不停地唠叨，直至你养成习惯。

·承认错误时不要作任何解释

1号对自己和伴侣都很严苛，要求彼此无论做什么都得尽善尽美，不能敷衍了事。在他们看来，承诺就是要坚决执行的，答应了就必须做到，要做就得做到最好。

作为1号的伴侣，要牢记1号的原则和标准，时刻记得他们喜欢什么、讨厌什么，也就是“应该”和“不应该”之事，避开雷区，以免引发1号的怒火，招致1号的挑剔。

如果1号开始挑剔和批评了，也不要紧张，只要能够承认错误，愿意承担责任和改善自己，这些问题都能够被轻而易举地化解。在承认错误时，最好不要解释，1号不喜欢狡辩。你解释得越多，反而会陷入讲道理的恶性循环，倒不如关注两个人都想要的结果——如何改善眼下错误的局面。万一不小心发生了言语上的冲突，千万别硬碰硬，试着用诙谐幽默的方式打破僵局，避免给感情造成严重的伤害。

·面对1号的抱怨不要给建议

1号经常会在“应该做”和“想做”的事情上纠结，且多数时候会为了“应该做”而放弃“想做”的事。由于内心的需求得不到满足，他们也会有不满和抱怨。面对这样的情形，不要给予1号任何的建议，他们抱怨的目的不是为了寻求解决的办法，而是想发泄心中的怒火。一旦发泄完了，就会回归正常，继续做自己该做的事。

当1号抱怨时，最好的安慰就是聆听，之后给他们一些简单的鼓励：“无论你做什么我都相信你有足够的理由这样做，我也会支持你。”一旦你给出建议了，就等于给他们多添加了一份自责，适得其反。

·多给爱情加点创意和乐趣

1号的生活态度很严谨，在亲密关系中有点放不开，给人以循规蹈矩之感。他们害怕犯错，习惯按照固有的标准行动，作为1号的伴侣，就要学习如何给爱情保鲜、增加创意和乐趣，帮助1号突破常规心理，享受为爱情保鲜的乐趣。这样的话，彼此的感情会加深，而1号也能逐渐突破固有思维，变得浪漫起来。

职场角色：让人又爱又恨的“黑面包公”

没有哪一种性格类型的人，比1号带给人的压力更大了。特别是在工作上，他们正直、严厉、刻板，甚至有一种难以亲近的距离感。可不得不说，他们那份严谨、精益求精的工作态度，着实令人敬佩，完全就是追求极致的“工匠”。但有时候，他们过于苛责，不允许自己和他人犯错，只要有能力做到100%的事情，哪怕只有1%的瑕疵，也会让他们恼火。跟着这样一个“黑面包公”，会让人无比紧张。

不过，1号人格者似乎并未意识到这一点，他们总觉得是在按照“普通”标准行事，看到其他人连如此“普通”的标准都达不到，自然会不满意。他们要么克制住怒火，要么耐心地教导，要么直截了当地批评，让人恨不得找个地缝钻进去。他们根本没有意识到，自己的“普通”要求，已经超过了大多数人的能力范围。其他性格类型的人不在意的细枝末节，到了1号这里却成了必须做到最好的大事。

正因为有着这样的人格特征，1号往往会成为组织秩序的制定者和带头遵守秩序的模范。他们会排除个人情绪的干扰，制定出客观公正的规章制度，维护众人的权益。他们严格要求自己是为了以身作则，给大家做一个标杆，他们的形象完全就是一个理想原则的捍卫者和严格的导师。

1号在处理问题时，有点六亲不认的架势，理智客观、公正无私。有时，你会觉得1号太不近人情，可当自己遭遇了不公正的对待时，却也希望有1号这样的人为自己伸张正义。所以说，在职场这个圈子里，1号完全就是一个让人又爱又恨的“黑面包公”。

职场互动指南

我们在职场中，肯定会遇到担任着不同角色的1号，要如何跟他们沟通相处，才能保证既让1号发挥出性格优势，又能跟他们维系一个融洽的关系呢？

当你遇到1号老板时，不妨这样做——

· 不要触犯1号老板的底线

1号老板都是很有原则的，对于那些挑战原则的人，他们会坚决地打击。所以，和1号老板相处，遵从他们的原则是第一要义，千万不要犯大是大非的原则问题。一旦你触犯了这个底线，他们就会把你认定为“恶劣分子”，很难再信任你。

· 不要跟发怒中的1号老板对着干

秉持高标准、严要求的1号老板，经常会对下属的表现产生不满，继而进行排山倒海般的批判。他们可能会脸色铁青、语言犀利，甚至掩盖你的一切功绩，让你感到满腹委屈，忍不住怒火想要爆发。

记住，跟1号老板硬碰硬是最不明智的，哪怕你是对的，他们也不甘示弱；如果你是错的，那更是火上浇油。当你秉持恭敬的态度听完他的怒吼后，他会感受到你的尊敬和同理心，怒气也会渐渐消退。此时，他会为自己的愤怒感到内疚和不安，甚至会为你冷静而平和地听取他的批判而心生感激。

当你遇到1号员工时，不妨这样做——

· 少对1号员工施加压力

1号本身就是一个追求完美、苛求细节的人，不管做什么事，他们都愿意尽最大努力去完成，并用放大镜去审视每一个细节。这种态度能够促使他们把工作做得更好，但也很容易因过于追求完美而拖延。

要改善这种情况，就要引导1号员工不要太关注过程，把思考的角度放在结果上。同时，不要给比较容易紧张的1号安排过于紧促的工作计划，如果能给他们提供充足的工作时间，他们就既能高效率，又能高质量地完成任务。

· 多对1号员工进行鼓励

1号的内心住着一位“批评家”，他时刻都在监督1号的言行举止，并对此做出评价。对多数人来说，只有在犯错时才会产生自责，可对于1号而言，自责和他们的思维是一体的，他们时刻都可能饱受自责的煎熬，甚至因此自暴自弃。

如果1号员工犯了错，切忌抱怨他们的错误。他们本身有自省的精神，犯错后会主动承认，也会因没有做好事情而沮丧，一旦外界再给予抱怨，他们会难以承受。这时，不妨给他们一些鼓励，让他们知道有些错误是被允许的，只需不断地进行调试，他们的能力是值得肯定的。这样一来，不仅帮助1号员工完善了自我，也能帮助他们重建信心。

执念修正：告别极端思维，世界不是非黑即白的

在1号看来，世界上的每一个问题最终都有一个正确的解决办法，他们把所有的关注点都放在了这个“唯一的正确性”上面，而忽略了是否存在其他更好的办法。他们只认定一种正确的方法，并坚信这种方法是绝对正确的，其他想法在他们眼里纯属于无稽之谈。

为什么1号会有这样的想法呢？因为他们自身有强烈的优越感，总觉得如果所有人都随心所欲的话，美好的生活就会被邪恶破坏。他们将自己视为那股可以阻止邪恶的力量，把内心的标准绝对化，认为自己的标准才是唯一正确的标准。如果世界没有按照自己的标准来，不是自己错了，而是这个世界出了问题。

显然，这就是我们常说的“非黑即白”的极端思维。1号经常会把生活、社会中的一些事物看成“要么对、要么错”，没有中间状态。这种思维很容易让人产生痛苦、郁闷等负面情绪，因为在这种思维模式的主导下，如果没有取得完全地成功，就会把自己视为彻头彻尾的失败者，所有的自尊都会顷刻瓦解，使得自卑、沮丧、焦虑等情绪像滚雪球一样越滚越大。

当1号面对自己成长过程中不可避免的负面情绪时，总是为了维持良好的形象而特意压抑自己，认为“发脾气是不完美的”。实际上，这也是一种错误的认知。允许自己犯错误，允许自己发脾气，是他们摆脱自身性格局限、释放自己情绪的一种渠道。不良情绪的释放，能够让他们更好地明白自己内心深处的需求，暂时摆脱“内心批评家”的监控，获得内心的平静。

1号须认识到世界的复杂性，懂得极端状态只是理论上的一种状态，而不是现实的情形。对现实事物来说，真假、是非、对错、好坏、美丑不是完全对立的，而是亦此亦彼的关系，在一定条件下会相互转化。如果继续用非黑即白的思维看世界，是违反事物本质的，也必将会阻碍自身的发展。

第三章

2 号给予型——在爱中行走，是我活着的价值

“感谢上苍赐给我温柔慈悲，帮助我了解我为别人做了多少，并不影响老天对我的爱；让我知道如何在为他人付出时，也能照顾自己的需求。”

——2 号给予型的祈祷

代表人物：德兰修女

德兰修女出生于南斯拉夫，她是家中的长女，虽然自幼身体就不好，却一直帮母亲照顾弟弟妹妹。她性格活泼、外向，待人也很友善。12岁那年，她读了一本关于如何成为修士的书，她被里面的情节深深感动，并开始自问："我们活在这个世界上，并不只是为了个人的幸福，而应当为社会做出奉献，我能做些什么呢？"

自此，德兰修女就开始了她奉献的一生。当她在孤儿院哄婴儿、换尿布时，她是育婴院的保姆；当她在贫民窟的学校时，她又化身成称职的老师；当她走进"垂死者之家"照顾病人时，她又像专业的护士一样为病人们喂饭、擦洗。

有一次，德兰修女要到巴丹医院去商量工作，在车站附近的广场旁边，她发现有个老妇人倒在地上，脸色惨白，像是死了一般。她蹲下来仔细查看，见那老妇人用破布裹着脚，上面爬满了蚂蚁，头也被老鼠咬了一个洞，残留着血迹，伤口已经溃烂。

她赶紧替老妇人测量呼吸和脉搏，发现还有生命迹象存在，她想：如果任由这老妇人躺在路上，就会必死无疑。于是，她暂时放弃了去巴丹的行动，请人帮忙把老妇人送到附近的医院。医院最初并不愿意收治，因为老人没有家属，在德兰修女的再三恳求下，医院才勉强同意，然后对她说："必须住院，等脱离危险期后，还需要找个地方静养。"

安顿好老妇人后，德兰修女就去了市公所保健科，希望他们能够为贫困病人提供一个休养的场所。市公所保健科的负责人很热心，仔细听完德兰修女的请求后，就带她去了加尔各答一座有名的卡里寺院，答应把寺庙后面信徒朝拜后的一处地方免费给她使用。

由于德兰修女不是印度人，她的行为一开始遭到印度教区婆罗门人的强烈反对。可她并不介意，依然在街头抢救那些临危的病患，并替他们清洗，照料他们。她的这些举动感动了很多印度人，他们也逐渐接纳了德兰修女。

然而，仅仅靠德兰修女和其他修女们的工作，是不可能让全加尔各答的垂死者都得到救助的，德兰修女认为，人类的不幸不在于贫困、生病或饥饿，真正的不幸在于，当人们生病或贫困时没有人伸出援手，即使死去，临终前也要有个归宿。曾经有一个垂死的病人，在获救后拉着德兰修女的手说："我一生活得像条狗，而现在我死得像个人，谢谢你！"

1979年，德兰修女获得了当年的诺贝尔和平奖。在颁奖典礼上，她依然穿着那件白色粗布纱丽，代表全世界的穷人们发表了一篇简朴又感人的讲话：

"这项荣誉，我个人不配领受。我以天主的荣耀接受此奖，同时代表世界上所有饥寒交迫、流落街头和伤残疾病的人们，以及那些被忽略未被关怀的人们，我以他们的名义来领奖。和平奖使得贫富之间相互了解。今天我在这里强调关爱穷人，因为穷人同样也是上帝亲手所造并被他关爱的子民。因此，如果我们背弃穷人，就等于是背弃基督；如果我们伤害穷人，就等于是伤害基督……请记住，上帝赐给我们的礼物，就是要我们相互关爱。我们可以用上帝的礼物做我们能做到的事情。让我们为了基督施予他人爱心吧，让我们像他爱我们一样相互爱戴吧。”

德兰修女是2号给予型的典型代表，她无私地帮助穷人、服务穷人，为他们奉上无条件的爱，直至生命的最后一刻。她的精神，鼓舞着全世界的人，给千万贫困痛苦的心灵带去了温暖和感动。

性格闪光点：无条件地爱人，出色的交际大师

生命的价值和意义是什么？对2号给予型来说，答案就是——付出。

2号的核心价值观是，发现并满足他人的需要，通过他人的成功来实现自己的成功，而付出就是获得这一成功的手段。他们很在意他人的感受和需要，也很热心，随时准备付出爱心给别人，看到别人满足地接受他们的爱心和帮助，才觉得自己活得有价值。

“当周围的朋友遇到困难时，我会第一时间赶去帮忙，并尽力想办法给予他们帮助，这种感觉很好。如果他们没有向我求助，我心里会很受挫，认为他们不再信任我。”

这就是一位2号型人格者的心声。他们喜欢帮助别人，特别是那些对自己而言至关重要的人，更是有一种牺牲自我的精神，希望用自己的关爱让身边的人感受到自己的存在。换句话说，2号的能量来自于他人对自己的需要，如果没有他人的需要，或是关爱的行为未得到回应，他们会觉得自己的存在没有任何价值。

2号对别人的感受和情绪变化很敏感，会立刻主动采取帮助或关爱他人的行为，满足他人内心的需求。同时，他们也会因为他人的需求而改

变自己的言行，来迁就他人。之所以这样做，是因为他们本身也渴望得到对方的爱，并希望自己付出的一切被认同。

2号有善解人意的天分，周围的人都乐意把自己遇到的烦心事向他们倾诉，因此他们经常充当人际圈中的“心灵导师”，甚至得到“爱心大使”或“知心姐姐”的称谓。

每个人最喜欢的人都是自己，看到和自己相像的人或喜欢自己的人，自然就会产生共鸣的快感。2号深谙这一点，并将这个心理学定律运用得炉火纯青。当然，这不是刻意而为之的，所有的举动都是在无意识情况下完成的，就像下面这位2号型销售精英所言：

“当我碰到一个陌生人时，我能立刻通过他们身上的气场进行判断，然后不由自主地变成他们想看到的样子。这种变化是在无意识的情况下自然发生的，特别是我碰到我想接近的人时，这种感觉就更加明显。”

这是2号颇受欢迎的原因。他们很敏感，知道什么话题会是对方喜欢的，什么话题会招惹对方反感，然后尽量有针对性地去选择对方感兴趣的话题来谈。他们的感受很强烈，就算别人不开口，他们也能感受到对方需要什么，并默默地做好。有些可能连对方都没有注意到，他们却帮忙留意了，着实令人感动。

2号很少会拒绝别人的要求，可当他们的付出得不到对方的回应，或是没有得到他人的认可时，他们会表现出极大的愤怒，甚至会大发脾气。不过，这种脾气很快就会消失，且不影响他们的继续奉献，这就是2号的伟大之处。

性格黑暗点：永远把别人的需求放在自己之上

“我从来不知道该怎么表达自己的需要，偶尔我试着关照自己的内在感觉，它居然是空荡荡的，特别是没有人在我跟前的时候。”

这是2号型人格者真实的内心感受，他们很在意别人的需求和感受，总是希望用自己的付出给周围的人带来快乐和舒适。很多时候，他们会对自己要求严苛，甚至在关注自己的需求时会产生一种罪恶感。他们一心想得到他人的好感，很少去察看自己内在的真实感受和需要。

“我无所谓，怎么样都行。”

这是2号最常说的口头禅，他们永远把别人的需求放在自己之上。可实际上，害怕被忽略的2号，也希望得到对方的回应和报答。只不过，他们的习惯性思维导致他们认为“被人需要是必要的”，而对于“自己也需要爱”这个事实却加以否定。

“跟乐天派的人在一起，我就跟着他们一起疯；跟喜欢沉思的人在一起，我也会谈一些比较理性的话题。有时，我也说不清楚自己到底是一个什么样的人。”

为了迎合他人而失去自我，这是2号性格中的又一个黑暗点。他们总是会根据不同的对象来演绎不同的自我，随着周围人的要求而变化，结果弄不清自己的本来面目，也忘了自己的真实感情。在别人面前，他们展示的只是别人想看的，而不是真正的自己。这种迎合有时也会让他们感到疲惫，因为他们内心并不情愿牺牲自己的真实需要，可他们又相信自己的行为对他人是一种爱。如此一来，就更加拼命地迎合别人，从而忽略自己。

“我愿意帮助别人，前提是那个人一定要‘值得’帮，有渴望变好的意愿。如果他总是一副破罐子破摔的样子，我会很生气，甚至不愿再跟这个人来往。”

这是2号人格者的一个特质，他们会以有无“价值”来区分人。无论对方是自己的上司还是下属，只要他认为对方“有价值”，就会施展自己的能力，巧妙地利用。如果对方是“烂泥扶不上墙”的类型，他们就会很反感，因为这样的人不管怎么去帮，都很难成就他。这样的情形，会让2号怀疑自己的助人能力，所以他们通常会选择放弃，与之绝交。此时，无论对方怎样央求，他们都不会回头，但不是记恨对方，而是不想再次面对自己的失败。

“当我在朋友身上花费越来越多的时间和心力时，我希望朋友也能关爱我，甚至是只关爱我一个人，事事对我说，跟我分享。如果朋友不这样做，我便会很失望，觉得他们背叛了我。”

有人把2号称为“活雷锋”，认为他们是无私的奉献者，付出不需要任何回报。事实上，并不如此。他们希望别人能够明白“做人情”的道理，受了别人的恩惠就要懂得适时回馈。他们相信，在巧妙地满足他人的需求后，自己的需求也会被巧妙地满足。这样，别人就会在“爱”的掌控下依赖自己。从这个角度来说，2号有控制他人的倾向，而控制他人的途径就是大爱。

“我不喜欢他处理问题的方式，什么事情都要把‘外人’放在第一位，家里人却被排在后面。有时，我会觉得这个人特别没有责任心，尤其是对家庭，经常往外跑，四处去帮助别人。好不容易待在家里，不是打电话就是招待别人……”

和2号做朋友是幸福的，可跟2号做家人，就有点儿不尽如人意。他们把人际关系作为自己的核心价值所在，经常主动帮助身边有需要的人，时间和资源总是严重透支。他们用在自己身上的时间很少，甚至会忽略家庭。因为，他们把最亲近的人也视为自己的一部分，因此很容易为了“外人”而忽略最亲的人，甚至把自己应尽的义务都忘了。

可能性成因：我若不讨好，就不会被关注

“我的父母共有3个子女，我上面有一个哥哥，下面有一个妹妹。哥哥是长子，备受父母器重；妹妹最小，也特别受宠爱。只有我，好像从来没有被父母在意过。所以，我从小就学会了察言观色，看清父母的需求，然后努力去满足他们，这样我就能引起他们的关注。

“他们希望孩子学习好，我就努力学习，每次都考第一；他们希望孩子健康，我就坚持每天跑步上学，每年都很少感冒；我还帮父母做饭、洗衣服、拖地……渐渐地，我就成了父母的骄傲，我提出的要求，他们都会满足我。

“我把这种方式用在学校里，发现也很奏效，老师和同学都很喜欢我。长大后，我在工作上也擅长此道，因此总能轻松地看清领导和客户的需求，投其所好，这给我带来了不少的好处。”

这是一位2号人格者的成长经历，也是多数2号人格者都有过的体会。他们在童年期因为各种原因未被父母重视，为了引起父母的注意，不得不学会察言观色，投其所好，以满足父母需求的方式来获得关爱。从心理学的角度来看，长期漠视孩子情感需求的父母，无异于犯了消极

虐待的错误。正是父母的冷漠，锻造出了2号敏锐的识人能力，形成了“付出才有收获”的不安心理。

生活中，许多孩子喜欢缠着父母，让他们陪伴自己。可这个时候，父母总是以“忙”“别捣乱”为由，拒绝孩子的请求。孩子尚小，不明白父母为什么会不理自己。他们内心渴望被爱，渴望得到别人的需要，所以才想跟人相处。

遭到拒绝后，孩子会感到疑惑：我是不是不受欢迎？为了证明自己受欢迎，他们就开始努力调整自己的感情去适应他人，养成通过满足他人的愿望来获得爱和安全感，从而确保自己得到别人的关爱的习惯。

2号人格者在童年时期，往往就表现得很懂事，因为他们知道如何让别人高兴，能够迅速发现自己身上吸引人的地方。而且，他们还能够针对不同的人，做出不同的表演。他们是惹人爱的孩子，且知道如何让这种喜爱源源不断地涌向他。只是，在不同的角色之间变来变去，时间久了，他们也忘了真实的自己到底是什么样子了。

情感模式：只要是为了你，我什么都愿意

“如果我爱上一个人，我会首先打听他/她心目中理想的爱人是什么样子，我会努力将自己变成他/她喜欢的样子，他/她喜欢清纯/质朴我就清纯/质朴，他/她喜欢性感我就性感……接下来，我会不惜一切代价制造和他/她接触的机会，比如和他/她坐同一趟公交车，住同一个小区，参加同一个聚会……我相信，只要努力，他/她一定会被我感动，接受我的告白。”

这样的爱情宣言，只有2号才说得出、做得到。

给予型的人习惯了付出，爱别人胜过爱自己。他们经常会有这样的担心：我如果不爱别人，别人肯定不会爱我。在亲密关系中，2号总是扮演着无私奉献的角色，心甘情愿地为所爱的人付出一切，甚至迷失自己。

“我很爱我的先生，每天精心为他准备早餐和晚餐，把家里打扫得干干净净，周末忙着清洗一周积攒下来的衣服，虽然我也有自己的工作，也很辛苦。先生每天回家就是上网、看电视，就连座机电话都懒得接。前段时间，我摔伤了腿，没法动弹，里里外外的事都压在先生身

上。起初，他还挺有信心的，说自己能做好。可是，没过一星期，他就开始烦了，脾气特别暴躁，甚至说出一些很伤人的话。我真的有点寒心，自己辛苦付出了这么多，没换来他的一点儿珍惜，反倒被指责和埋怨……"

爱情是双向的，“一分耕耘一分收获”的规律，在爱情领域里不是绝对的真理。《罗兰小语》里说：“如果你希望一个人爱你，最好的心理准备就是不要让自己变得非爱他不可。”给予是好的品行，但不能一直期待用“努力”和“牺牲”来交换爱。爱自己的同时，也爱别人；给予的同时，也要学会索取。这样，爱才不会干枯，付出才不会视为理所当然。

此外，2号在情感表达上略有欠缺，面对自己心仪的人，总是渴望用默默付出来暗示对方，如果对方有超强的洞察力，有可能会感受到这份爱意；如果对方比较迟钝，很可能就不会给予回应，这会给2号带来无穷的折磨和痛苦。

莎士比亚说，犹豫和怯懦是爱情的大敌，当爱来临，请勇敢地射出爱神之箭。如果心中有了爱的萌动，那么就要勇于表达你的爱。否则，白白浪费了机遇。默默地等待固然美好，但韶华易逝，时不我待，只有大声说出“我爱你”，才有可能赢得对方的关注。

情感互动指南

2号是真性情者，若遇到这样一位慈悲、仁爱、乐于付出的伴侣，无疑是幸运的。不过，每种性格都有其局限性，在现实的婚恋中，要如何跟2号型伴侣相处，才能保持和谐、稳定的亲密关系呢？

· 对2号的爱给予肯定和欣赏

2号是感性的，甚至天真地认为世界上所有的人（尤其是伴侣），都需要自己的爱，且所有接受过他们帮助的人（尤其是伴侣），都会及时给予自己感激和赞美。可事实并非如此，当2号向伴侣倾注大量的热情后，换来的可能是冷淡。这会让2号很受伤，甚至怀疑伴侣是否真的爱自己，或是自以为被利用，因爱生恨。

面对2号的愤怒，伴侣要明白，这只是2号觉得自己的付出被漠视的痛苦表现，要对他们的这些行为给予理解和包容，不要埋怨他们无理取闹、无事生非，不如试试换一种言辞和态度，感谢他为你付出的一切。当他收到了你的肯定和赞美后，会重新感受到自己被需要、被爱，也就乐于继续为你、为家庭付出了。

· 鼓励2号主动表达爱意

2号往往羞于表达自己的需求，认为那是自私的。即便是面对爱情，也总是“羞于启齿”。作为2号的伴侣，要多鼓励他们主动、直接地表达内心的需要，因为暗示性的表达经常会造成误会，只有直接的表达才能真正准确地体现出他们内心的渴望，促进彼此间的良性沟通。

另外，知道2号有这样的性格局限，伴侣也要多留心他们的情感需要，尤其是他们对被爱、被关注的渴望，要在他们未开口之前就察觉到他们的这种渴望，作出相应的回应。在言行方面，也要多多表达对2号的关爱，让他从明确的言语中确定你对他的爱和需要。

· 帮助2号建立“亲密有间”的关系

心理学研究表明，在审美活动中保持适当的空间距离是必要的，空间的远和近必须要有机地结合起来。2号时刻关注伴侣的需求，并及时给予满足，初衷是为了表达爱意，可伴侣却会倍感压力。为了维系健康的亲密关系，伴侣要帮助2号明白一个道理：即便是深爱彼此，也需要各自保留一点空间，不要过分地融入到彼此的生活领域中，那样会让彼此产生被限制感。也就是说，要让2号学会欣赏距离美，享受“亲密有间”的爱情。

· 帮助2号学会表达自我

在爱情中，2号多数时候都在迎合伴侣，很少表达自我。他们没有意识到，在付出爱的同时，表达自我的需求，向对方索取爱的回报，才是真正惺惺相惜的爱情。作为伴侣，要帮助2号认识自我、关注自我、表达自我，并明确地告诉他们：我爱的是你的全部，不是你的无私付出。你无微不至地照顾我，我也愿意为你做一些事。

这样的举动，会极大地激励2号的自信心，让他们领悟到：就算我有被爱和被照顾的需要，伴侣也不会厌烦我，不会离开我。当他们的内心感到安全和平稳，就能够慢慢地尝试表达自我了。

职场角色：天生的服务高手，用亲和力赢得人心

2号型人格者的思维方式是以情感为导向，始终把关注的焦点放在他人身上，及时而敏锐地察觉到他人的需要，并给予满足。从这个角度来说，他们是天生的服务高手，凭借热情与亲和力赢得他人的好感，用细致的服务折服对方的心。

在职场中，2号并不乐于出风头，甘居在幕后为“鲜花”提供各方面的帮助和支援。他们获得影响力的方式是不断地帮助他人，尤其是他们看好的潜力股。当潜力股在他们的扶持下担任要职时，他们也会成为对方最信赖的人，从而巩固自己的职场地位。对于给予型的2号来说，辅助别人成功就等于自己成功。

其他类型的人格者都会区分出自己喜欢和不喜欢的人，然后有选择性地交往。2号人格者不一样，他们希望得到所有人的喜欢。因此，除了扶持自己看好的潜力股之外，他们也会默默地留意其他人的需求，在适当的时候给予帮助。

最令人惊叹的是，2号能够根据不同人的喜好来做准备工作，满足各方的需求。比如，大家一起聚餐时，他能记住每个人的偏好和习惯，点

出一桌让所有人都满意的菜。

有2号在的工作环境里，永远带着温暖的味道，他们就像是团队中的情感纽带。毫不夸张地说，如果2号选择了离职，组织内部的情感交流会削弱很多，甚至会有一批人跟着辞职，以至于他们负责的客户也可能会随之流失。

职场互动指南

前面的描述，让我们看到了2号强大的人格魅力。如果你在职场中遇到了这样的上司或下属，需要注意些什么呢？

当你遇到了2号上司时，不妨这样做——

·服从领导安排，满足2号的控制欲

多数老板都喜欢听话的员工，2号更是如此。他们的性格中带有强烈的控制欲，希望用付出的方式来获得他人的认可，并以此达到控制他人的目的。在管理方面，2号上司的方式很直接：谁听我的话，我就喜欢谁。

你若能够做到这一点，就很容易获得2号上司的器重。不过，这种听话并非是当应声虫，而是在遵守工作条规、努力精进自己的情况下，给2号上司多一点尊敬。

·落落大方地跟2号上司接触

有些人总是害怕跟上司沟通，特别是刚入职的年轻人。对待2号上司，千万不要这么做，这会给他一种“我不被认同”的感觉，导致他忽视你，转而去关注那些认同他的员工。

从任何角度来说，跟上司多沟通多交流都有助于职业发展。所以，见到2号上司时，要落落大方地跟他打招呼、谈谈工作的事情，让他知道你的想法，看到你的努力。对于喜欢帮助他人的2号上司来说，你经常跟他接触的行为就是对他最大的认同，也是他最大的欣慰。

当你遇到了2号下属时，不妨这样做——

· 不要把隐私泄露给2号下属

2号的窥探欲很强，因为这能够让他们更好地觉察他人的需求并给予满足。在这种窥探欲的驱动下，他们能够轻易地分辨出：谁是需要精心对待的，谁是不需要浪费时间的。所以，他们经常对那些“有价值”的人百般讨好，而很少过问“无价值”的人。

作为2号的上司，自然是他们需要极力讨好的对象，他们不会放过任何一个能够搜寻有关上司情况的机会，会仔细留意上司在哪方面出了问题，需要什么帮助。一旦发现，就会立刻给予支持，希望赢得关注。

领导者通常都招架不住2号下属的热情，不自觉地把自己的隐私泄露给他们。可是，这样做的结果，很有可能会损害自己在公司的形象。虽然2号不是喜欢传口舌之人，但他们可能会在无意中泄露领导的秘密。

为此，要跟2号下属搞好关系，可以多和他们进行工作业务上的交流，引导他们把自身的窥探欲用在工作方面，避开私生活的话题，减少不必要的麻烦。

· 尊重2号给予者形象背后的操控者

2号喜欢用付出换取回报，从而达到操控他人的目的。所以说，2号员工也是一个典型的权力追随者，只不过是用“给予者”的形象来扮演权威的幕后操控者。2号在完全认同领导安排的同时，也会在团体内部发展一个强大的内集团网络。

面对这样的一个幕后操控者，领导者只要给予2号足够的尊重和认可，让他们感觉“我很伟大”，2号就会甘心地去居幕后，并全力协助领导出谋划策，调动自己的强大人脉力量，配合领导的安排。反之，如果领导心存戒备，漠视或打压聪明能干的2号下属，就会激起他们的反抗，引发争斗，最终闹得两败俱伤。

· 多跟2号下属进行情感沟通

领导者在跟2号下属相处时，要经常跟他们进行情感上的沟通，因为他们很留意身边人的情绪、情感并主动关怀，也希望得到身边人对自己情绪、情感的关注。领导者若能做好这一点，就会让2号感觉自己被关注、被爱，从而更加积极地为工作付出努力。比如，及时赞赏2号下属的出色表现，对他们偶尔出现的失误要以鼓励的方式引导，提醒他们关注本职工作。

执念修正：被爱不依赖于为别人改变自己

2号在生活中会得到许多人的爱戴和依赖，可他们依然很难获得情感上的安全感。对2号来说，想要真正地获得自我成长，摆脱性格上的局限，不仅要正确地感知他人的需要，也要聆听自己内在的声音。

那么，作为2号来说，该如何找到真正的自我，明白自己的需要呢？

首先，2号必须意识到自己每天有多少时间是在揣测别人，有多少时间是在关注自己？要用什么样的方式达到别人对自己的期望？这样做的目的是什么？是为了获得感激，还是有其他的目的？思考这些问题的时间不宜过长，只要每天早上用几分钟去思索，主动询问自己的感受，试着把自己的需要放在第一位，就已经走上了寻找自我的第一步。

2号在认知上存在一个误区，总是把关心自己和自私冷漠联系在一起，这就让2号反复掉进取悦他人的怪圈中。当2号开始为了满足自身的需求而紧张时，就意味着他们对自己的需要还不够重视。此时，2号不妨在晚上花几分钟的时间，对白天经历的事情进行回顾，看看哪些事是顺从了自己的需要，而不是讨好他人。通过这样的回顾，慢慢建立自信。

2号最终要认识到，别人对你的关爱也是出于他们的真心，并不仅仅依赖于你付出了多少，或者别人需要你，也不是因为你对他好从而希望对方也对你好。要知道，这是一种爱的要挟，被爱并不依赖于为别人而改变自己，从别人那里获得帮助也并不意味着会减少他人对你的爱。

对2号来说，把自己深深地藏起来，只把别人需要的一面展示出来，太专注于满足别人的需求，而忘记自己的需求，一辈子都活在别人的世界里，习惯从他人的依赖中寻求安全感，却忘了这份安全感恰恰是自己提供给自己的。

2号应该明白，自己有获得爱的能力和权力，为他人付出是美好的，但接受也是一种艺术，没有必要在交往中表现得过于卑微。就算有人不喜欢你，那也是很正常的事，不用费尽心思地去讨好对方。当自己有需要的时候，也可以直截了当地说出来，获得他人的帮助。

总而言之，一个具有独立性格的人，不会活在他人的眼光中。2号要清楚，独立不会让自己失去他人的爱，意识到自己的存在，把自己的需求放在第一位，多一份对自己的关爱，才能拥有一个完整而精彩的人生。

第四章

3号成就型——人生最大的悲剧就是一事无成

“感谢上苍让我拥有上帝的面孔和佛性，以及追求成功的充沛精力；帮助我了解成功不是一切，失败有时比成功更宝贵；让我看清楚形象背后的自己，有时反而更加美丽。”

——3号成就型的祈祷

代表人物：拉里·埃里森

硅谷流传着这样一则笑话：上帝和拉里·埃里森有什么区别？答案是：上帝不认为自己是拉里·埃里森。

拉里·埃里森是何许人物？他是甲骨文董事长，个性张扬，盛气凌人，热衷于跟比尔·盖茨较量，把击败微软、成为世界最大的软件企业作为人生的一大目标。他曾说："我成功并不重要，重要的是其他所有人都失败了，那时，我才是真正的成功者。"

埃里森的求胜心很强，他最大的目标就是取胜。在32岁之前，埃里森还是一个一事无成者，读了3个大学，没有拿到一个学位文凭，换了十几家公司，妻子跟着他看不到未来，也选择了离开。刚开始创业时，埃里森只有1200美元，可凭借不懈地努力，他让甲骨文公司连续12年销售额每年翻一番，成为世界上第二大软件公司。

埃里森一直支持对微软的肢解，他把比尔·盖茨称之为"PC教皇"，意思是说，由于他在操作系统的垄断地位直接影响了PC机的生产必须参照视窗操作系统进行设计。所以，他一直把超越比尔·盖茨作为自己的目标。

埃里森的人生目标很明确，就是简单的两个字——取胜。至于如何取胜，如何成功，如何达到目标，那都是第二位。不过，他并不满足于效仿盖茨，而是希望有朝一日能够超越盖茨，像微软公司主导个人电脑软件市场一样，让甲骨文的应用软件能够占领网络市场。对于自己公司开发的应用软件，埃里森充满自信，认为它们极具潜力。

埃里森精力旺盛，员工形容他时这样说："头脑中的点子永远比别人至少快18个月"。他喜欢航海，一直留着纪念几年前航海三天三夜获胜的络腮胡。他带领甲骨文公司就像驾驭爱艇"Sayonara"号一样，充满着强烈的战斗意志。

埃里森是一个喜欢挑战、富有冒险精神的人，他经常参加驾艇比赛、飙跑车，还开着一架意大利战斗机在太平洋上空跟别人进行模拟飞行。因为冒险，他身上多处地方都受过伤，多次住进医院，可是依然阻挡不了他去参加各项刺激的比赛。

曾经有人问埃里森："你有那么多钱，有那么多事情可做，为什么还要继续执掌甲骨文公司？"他说："因为甲骨文正在参加的这场比赛更刺激、规模更大，互联网计算这场大赛比我做过的任何事情都要激动人心。"

看，埃里森就是3号成就型人格的典型代表。他们身上散发着积极进取的精神，总是能够做出令人瞩目的成就。对他们来说，这一生的价值就是要用成就来衡量的，对于成就不如自己的人，他们很难认可；对于成就超越自己的人，他们又永远不服输，很难真心接受他们。他们是野心家、冒险家，最渴望的就是与众不同，得到他人的关注，成为卓尔不群的焦点。

性格闪光点：只要愿意就可以做到最好

生活中有这样一类人，看起来就像是天生的成功者，读书时是班里的优等生，工作后是单位里的顶梁柱。不管什么时候，他们都精力充沛，斗志昂扬，只要是他们想做到的事，历经万难也要成功。如果说人生有赢家的话，那么他们就是赢家的代言人。

如果你也遇到了这样的人，那么请你注意，他们就是传说中的3号成就型人格者。3号活得很真实，从来不会刻意掩饰自己，是典型的现实主义者。他们喜欢与众不同，极力地让自己跟“平庸”划清界限，无论是衣着打扮还是生活用品，都喜欢用名牌。因而，3号给人的印象往往是：风度翩翩，年轻有为，看起来就是一副成功者的样子。

《喜剧之王》里有一句台词：“其实，我是一个演员。”

这句话用在3号身上，再合适不过了。你以为他们在追求自己的生活，但其实他们的生活就像是一场华丽的表演，周围所有的人都是他们的观众。他们渴望成功，追求成功，也很容易获得成功。不过，对于这份成功，他们从不低调，而是渴望让所有的人都看到。

3号从来不会虚妄度日，他们是出色的实干家，崇尚效率和结果。

他们经常在同一时间做几件事情，且有条有理，每件事情都处理得很完美。他们不会像1号完美型那样，在工作中发现了细枝末节上的瑕疵，就追着不放。在他们看来，这不是什么大事，重要的是如何在现有的情况下，用最好的办法将问题解决掉。结果，才是他们真正在意的。

3号是9种类型的人格中对目标关注和执着最强的，一旦有了目标和方向，他们就会克服一切困难。如果你对他们说："别那么拼命，注意身体。"这对他们而言毫无作用，他们是不可能停下来的，就算这个目标实现了，还会有下一个目标。

在工作的选择上，3号是很现实的，他们不会纯粹为了个人兴趣去做一件事，而是必须能够收获实际利益。不然的话，在他们看来就是在浪费时间。下面这番话，就是一位3号类型人格者的真实心声。

"让我为了打发时间去做一次漫无目的的旅行，让我默默无闻、不留姓名地捐一大笔钱给慈善机构，让我淡泊名利、放弃升职加薪，让我去跟别人倾诉自己的无助和失败……求求你，还不如杀了我！"

3号是生活的主宰者，一切事情都在自己的掌控中。他们相信，这个世界不会有天上掉馅饼的好事，想要生存下来，就得靠实力说话，而实力永远要依靠不懈地努力。

3号善于吃苦耐劳，虽然他们讨厌失败，但他们从不惧怕压力，甚至会主动寻找压力，来促使自己变得更优秀。3号还是规则的破坏者，不相信世界上只有一条正确的途径，而是会想方设法地寻找一条捷径。只要没有被禁止，对他们来说就是被允许的。

对于不断追求成功的3号，很多人不禁会问：到底哪一站才是3号的终极目标?

答案可能只有一个：永远以胜利者的姿态出现在世人眼前。

性格黑暗点：害怕与自己的内心世界接触

“我从小读书成绩就很好，别人都说我爱学习，其实我不是真的爱学习，我只是知道读书是我唯一的出路。我跟别人说，我有很多关系很好的朋友，他们都是别人迫切想结识的商界精英，跟他们接触能让我学到很多，所以我一直努力维护跟他们之间的关系。可实际上，有些人的做法我真的看不惯。我渴望成为别人关注的焦点，但我也害怕他们了解真正的我，我的日子并不像自己嘴上说的那么好，我也有很多的痛苦和烦恼，可这些事情怎么能让别人知道……”

这是一位3号型人格者对自我现状的描述。他有自恋的情结，也喜欢炫耀，倾向于把自己最好的一面展示出来，甚至会为了掩饰自身的不足而撒谎，以维护那个美好的形象。他们看起来很随和，很好接触，可当你想要进入他们的内心时，他们就会立刻逃开。

在电影《楚门的世界》里，每个人都是一个演员，演绎着楚门生活中的不同角色，富足却虚假。最后，楚门选择了逃离。当他打开那个巨大的摄影棚，走出虚构的世界时，所有的人都在欢呼雀跃。

每个人都渴望真实，渴望回归到最真实的自我，这是3号性格中最匮乏的品质。他们总是根据所处的环境来改变自己的角色，维持受人赞赏的羡慕的成功者形象。在这种不断变换形象的过程中，他们经常忽略真实的自己。

为了寻求心理平衡，3号总是自我欺骗，把自己塑造成众人喜欢的形象，而将这种表面的自我误认为是真正健康的自我。他们不太关注自己的感受，且认为自己的心理很健康。在他们看来，只有那些失败者、无所事事者、跟不上时代节奏的人，才会情绪沮丧，而他们是正在走向成功或已经成功的人，不该有低沉的情绪，所以他们经常努力把自己打造成乐观的、积极的成功人士。

这会导致什么样的结果呢？3号会片面地重视自己情感世界中的正面情绪，而对负面情绪一无所知。正因为不敢于诚实地面对自己的感受，只看到性格中的积极面，否定性格中的消极面，就可能陷入物质丰富而精神空虚的迷茫中。

可能性成因：我若不出色，就不会被认同

下面是几位3号人格者的自我剖析——

“我家里有好几个兄弟姐妹，父母平时忙于工作，很少管孩子的事，我也从来没有得到过父母的关注。直到有一天，家里举办聚会，母亲突然在亲戚朋友面前称赞我学习成绩好，我当时觉得特别开心，总算得到父母的夸奖了。自那以后，我就特别努力，希望每次考试都取得好成绩。”

“我现在还记得，4岁那年，父亲对我说：‘如果你读书成绩好，只要你喜欢，就算是天上的星星，爸爸也会摘下来给你。’这些话激励着我，我很努力地读书，希望取得好成绩。我也很听父亲的话，父亲也很爱我，每次有工作上的应酬，父亲都会带着我一起出席，这件事就连母亲和其他兄弟姐妹都没有份儿。我是父亲的掌上明珠，父亲经常在人前夸我，我觉得特别骄傲，所以也会努力达到父亲的期望，做一个其他人看来很有成就的孩子。”

“我的父亲是一个很能干的人，在工作上得过许多奖项，那些奖章就放在家里最显眼的地方。我很崇拜父亲，希望自己也能成为那样的

人，所以我从小就特别渴望得到奖项，总觉得那是一件很威风的事。后来，我就跟奖项结了缘，直至参加工作，我还是把获奖当成自己的人生目标。记得有一次，我参加团体舞蹈表演时，因为技能比不上那些年龄稍长的姐姐，故而被安排在后排不起眼的位置，我心里很难受。为了争取站在前排，我在家不断地练习，甚至为了避免被母亲责骂而跑到洗手间里练习。直到我被安排至最前排，我才满意，因为这个位置能够被观众看见，能够听得到掌声，这种感觉让我很着迷。”

看到这里，你可能会发现3号型人格者在成长中存在着一些共通之处，那就是他们在很小的时候，经历过因完成某项事情，被父母夸奖的情形。这种情形带给了他们很好的体验，以致后来，他们会为此不断努力。每次得到奖赏后，就会不自觉地寻找下一项要完成的事。时间长了，这个循环就会越来越短。

在3号看来，想得到“回报”，就必须通过自己的行动来获得，而不是通过“我是谁”。他们相信，要得到他人的爱戴和认同，都只取决于自己的表现。在他们内心深处，早已经把他人给予的爱和自己的表现画上了等号。

当3号类型的孩子深感家庭的背景有“瑕疵”，比如父亲有外遇等不可告人的丑闻，亦或者社会地位不高时，他们就萌生出强烈的责任感，觉得自己必须想办法把家人从无法抬头的名声中“拯救”出来。所以，很多3号类型人格者都不会选择自己喜欢的职业，而是选择能带给家人荣誉、财富的职业，以使家人能够更高尚地生活。

情感模式：如花美眷，抵不过功成名就

年过30的S君，曾有过两段无疾而终的感情。除了性格上的差异，S君的“工作狂”状态是导致两次恋爱失败的主要因素。

以最近刚刚分手的这段恋情来说，最初恋爱时，两人的感情很好。女友喜欢制造浪漫，经常约S君到附近的海滨浴场游玩，尽管当时S君没有情调雅致，也会尽量迁就女友，陪伴在她身边。不过，S君的内心其实更看重事业，当爱情和事业发生冲突时，他从来都会选择后者。在恋爱后期，S君经常加班，为的是晋升部门主管，从而很少顾及女友的感受。

回想起这段感情时，S君表明了自己的态度：“我不否认我们之间的这段感情，她是个很不错的女孩，性格温和，也善解人意。可我是一个工作狂，有自己的理想，不喜欢在追逐目标的时候被感情束缚。所以，我提出了分手，虽然这会让她很受伤，但我还是想坚持自己的选择。”

爱江山胜于爱美人，这就是3号的爱情观。如花美眷虽令人留恋，可相比之下，事业和成功更让他们着迷。在3号看来，事业才是第一需求，他们在感情方面表现得很封闭、很迟钝，且固执地认为：只有成功者才配得到爱。

前面我们提到过，3号很害怕被人看到自己的真实面目。所以，他们很难与人建立亲密关系，就算是在亲密爱人的面前，也要对自己不成功的地方进行掩饰，甚至一争高下。3号克制力很强，会严格控制自己，不让自己陷入任何感情的漩涡中。

3号也不是不爱伴侣和家庭，他们更愿意透过追求实质可见的成果来表达自己对家庭的热爱、对伴侣的忠诚，为了实现自己心中的完美家庭的愿望，他们会展开一系列详细的计划：如何教养孩子、提高物质生活水平、增加家庭收入和幸福、为亲爱的人谋求保障，等等。

可以这样说，3号在情感的表达方面，“做”多过于“说”，他们认为拼命工作也是通过实际行动来表达对家人之爱的方式。可我们都知道，在感情的世界里，人们更重视精神上的追求，只有丰富的物质基础，没有精神的交流，爱情是很难持久的。

思想家培根说过：“你能用金钱买来的爱情，别人也能用金钱把它买去。”3号应该明白，唯有爱，才能让爱情长久而甜蜜、让婚姻稳定而幸福。爱的魔力，比金钱要大得多。

情感互动指南

如果遇到了3号型人格的伴侣，该如何降低“爱情悲剧”发生的概率呢?

· 全力支持3号的每一个新目标

3号是实干型的现实主义者，他们珍惜爱情的方式，是努力营造一个幸福、优越的生活环境。对于渴望成功、害怕失败的3号来说，他们在努力奋斗的过程中，更需要获得伴侣的支持，以使他们保持自信、干劲十足地去拼搏。当他们产生了新想法、新目标时，多给他们一些支持，发自内心地为他们高兴。毕竟，他们最终的目的也是为了营造幸福的家庭。

· 帮助3号平衡工作与生活

3号比较看重物质，轻视情感，但这不代表他们不爱自己的伴侣。作为3号的伴侣，要学会帮助3号摆脱“工作狂”的生活模式，让他们逐渐意识到，人生的价值不只在于工作，还有爱情、生活等方方面面，要帮助他们把注意力适当地转移到情感世界中，平衡工作与生活，多进行精神上的沟通交流。

· 用温柔安抚3号的疲劳心理

3号迫切地渴望获得成功，在为了目标而奋斗的过程中，他们很希望伴侣能跟自己共进退。然而，3号不善于表达情感，为了在伴侣面前维护一贯的成功者形象，他们可能把负面情绪压抑在心里。但此时，他们很希望得到伴侣的理解和呵护，特别需要伴侣用温柔体贴的方式抚慰他们疲倦的内心。

具体而言，就是照顾好3号的起居生活，提醒他们懂得放松自己。在3号休息时，尽量不要为他们安排太多的活动，让他们以尽可能远离人群的方式放松身心，这样有利于他们关注内心的情感，更好地认识自己。

· 提醒3号不要把爱物质化

3号喜欢用实质可见的东西来表达对家庭的热爱，因而经常会为了追求成功和物质，忽略情感交流，甚至把自己饰演成一个“完美情人”。作为3号的伴侣，应当提醒他们，把爱物质化的行为是对爱的误解。要让他们知道什么是真正的爱，就如《圣经·哥林多前书》中所说：“爱的真谛——爱是恒久忍耐，又有恩慈；爱是不嫉妒；爱是不自夸，不张狂，不做害羞的事，不求自己的益处，不轻易发怒，不计算人的恶，不喜欢不义，只喜欢真理；凡事包容，凡事相信，凡事盼望，凡事忍耐。爱是永不止息。”

· 帮助3号关注自己的情感

3号不太关注自己的情感世界，不敢正视自身性格中的缺点，只想展示自身性格的闪光点，维持一个成功者的形象。他们把注意力更多地投向了物质世界，因而精神上就会愈发感到匮乏，滋生出空虚感。可他们并不理会这种感受，反而用更加繁忙的工作去转移注意力。

这种处理情感问题的模式，使得他们经常用物质上的馈赠来逃避情感沟通，给伴侣一种不解风情之感。作为伴侣，要帮助3号从繁忙的工作中抽身出来，更多地关注内心的情感，给他完全独处的时间和空间，让他安静地觉察自己内心的感受。同时，也要让他知道，你对他的爱不仅只限于他的成就，对他整个生命的感恩才是你对他爱的全部，鼓励他退去“伪装”，真实表达内心的情感，帮助他们真正关注自己存在的价值，创造应有的美好生活。

职场角色：唯恐虚度光阴的“工作狂人”

提到成功学，就少不了“勤奋”和“努力”。任何一家企业的管理者，都不希望自己的员工懒懒散散，得过且过，他们总希望员工能分秒必夺，不用扬鞭自奋蹄。在这方面，3号型人格者绝对是一个好模范，他们很喜欢忙碌充实的快节奏生活。论奋斗精神，他们是所有人格类型中排在最前面的。

3号人格者最怕人生一事无成，也最畏惧失败。所以，他们时刻保持高度的紧张，不敢懈怠。在这种内驱力的作用下，他们会抓住生命中的每分每秒，生怕虚度光阴。当别人为了那些堆积如山的工作叫苦连天时，他们会暗自高兴，因为这可以让他们完成更多的业绩，更好地展示自己的能力。他们最怕成为没有价值的闲人，一旦让他们闲下来，空虚感就会找上门来。忙，是他们展现自我价值的方式。

工作是一件很公平的事，努力付出的人必然不会被辜负。3号很容易在人群中脱颖而出，成为大众认可的精英形象。他们也热衷于把自己塑造成这样的人，当社会的评价标准发生变化时，他们会毫不犹豫地按照新标准来要求和改造自己。

3号是所有的性格类型中，最热衷于获得成就感的人。这种成就感包含很多方面，比如完成一项有挑战性的工作，比别人获得更高的职位和薪水，做出有目共睹的优秀业绩，等等。他们不喜欢平淡的、单调的工作，也不喜欢那些费力不讨好的任务，这些工作很难给他们带来直观的成就感，无法充分展现他们的能力。如果你给3号一个极具挑战性的任务，他们不会退缩，反而会爆发出强大的能量努力去完成它。

职场互动指南

跟注重目标的3号在职场中相遇，一定要清楚他们的个性与目标，唯有投其所好地给予3号想要的结果，才能赢得他们的信任和支持。

当你遇到3号型上司，不妨这样做——

· 跟随有权威感的3号上司去奋斗

3号是天生的领导者，也是追求功名利禄的现实主义者。他们总在积极地追逐权力，这也让他们自带权威感。3号喜欢控制别人，让事情朝着自己喜欢的方向发展。同时，他们也会以身作则激励下属。

不要怀疑3号的领导能力，他们善于管理，能操纵全局，知人善任。遇到3号上司，你要做的就是钦佩、信服他的能力，并在他的激励和引导下制定自己的发展目标，脚踏实地地去奋斗。

· 拒绝拖拉，做高效能的下属

3号上司很注重效率，他们会心无旁骛地专注于目标，致力完成工作所需的每一个步骤，不会拖泥带水。在带领团队时，他们希望团队中的每一位成员都能像他一样高效工作，且会根据员工的成绩来判断员工的优劣。3号上司看重结果，很少关注员工在过程中所付出的努力。在3号上司面前，不要试图用苦劳去打动他们，他们要的是高效能，谁能更快地、更好地完成任务，谁就能得到他们的赏识。

· 用能力说话，表现出超强的实用性

3号上司在用人方面，坚持“唯才是用”的标准。他们倾向于有能力者，对于能力较差或经常犯错、不能承受工作压力的人，会采取放弃的态度，有机会就会找合适的人替代。在他们看来，能力胜于一切，哪怕是他不喜欢的下属，只要有能力把工作做好，他一样能够接受并委以重任。

在3号上司面前，要用能力说话，表现出超强的实用性。不仅要提出好的想法，还要落实在具体的行动上，在一些关键之处多思考、多动脑，时刻锻炼自己的能力，这样才会被3号老板器重。

当你遇到3号型下属，不妨这样做——

· 引导好胜心强的3号下属良性竞争

3号的好胜心极强，凡事都喜欢跟他人比较，并力求获得优越感。所以，他们在工作中很热衷于竞争和挑战。不过，为了在竞争中获胜，3号很可能会不择手段，忽视个人情感，陷入恶性竞争中。3号对于竞争的这种错误认知，往往会影响团队的和谐发展。所以，在管理3号员工时，要引导他们朝着良性竞争的方向发展，多跟自己比较，少跟他人争斗。

· 用“成就感”去激励3号下属

3号渴望成功，也积极地追求成功，更注重塑造自身的成功者形象，以赢得他人的关注和赞赏。他们很希望得到他人的表扬，认为这是成功的一种表现。当3号下属做出突出的业绩时，不妨对他们的出色表现及时给予赞赏和奖励，并在公开场合进行表扬，这能够进一步激发3号的奋斗精神。

执念修正：把扮演的形象和真实的自我区分开

曾有人说，3号就像一只骄傲的孔雀，每天洋洋自得，为了美丽的形象活着。只要周围有掌声响起，他们就会展翅开屏，把自己的孔雀翎完全呈现在众人眼前。惊艳的目光、热烈的喝彩，是他们唯一的动力。一旦失去了掌声与喝彩，他们就失去了自我价值，茫茫然不知道为何而生。

为了维护这个美丽的形象，赢得他人的关注和赞扬，3号往往会根据自己所处的环境来改变自身的角色和形象。换句话说，3号经常会自我欺骗，把自己塑造成众人喜欢的形象。他们把那些不同的角色饰演得出神入化，别人很难看出破绽，而他们也分不清楚到底哪一个才是真正的自己。

美国演员施瓦辛格在拍摄自传式纪录片《铁金刚》时，就表现出了3号的典型特质。这个多次赢得世界健美冠军的好莱坞巨星，把自己战胜他人的优势形容成一种心理技巧，就是在其他对手上台之前，他已经把自己想象成了天下无敌的胜利者。

当3号过于投入到自己饰演的角色中时，就会沉迷在一种被关注、被尊崇的“成就感”中，他们不想失去这种美好的感觉，于是就找各种理由欺骗自己，压制消极的感觉。然而，这样的“成功”，真的是成功吗？

海灵格说：“我曾经想过，是什么让人变得伟大？那就是所有使我们与其他人相同的事物，都会让我们变得伟大，而任何与其他人的偏离，都会让我们变得微小。这种伟大是一种谦虚的伟大，透过这种伟大，我们可以安祥轻松地穿梭在所有人之间。一旦有人让自己变得比其他人更大，其他人就不想和他在一起。这种把自己变得比其他人更伟大的方式，会产生攻击性。相反地，表现得和其他人平等一致，这样的人无论在任何地方都会受到欢迎。”

这番话，也许是对3号最好的劝解。越是沉迷于扮演他人眼中的成功者角色，试图表现得比其他人都优秀，就越容易迷失自己的本性，继而变得极其脆弱。一旦有人揭穿了3号这种虚假的自我，发现了他们的真实自我，就会给3号带来沉重的打击。

如果3号能够从自我欺骗中走出来，更多地关注自己的感觉和需求，把饰演的形象和真实的自我区分开来，就会从傲娇的孔雀进化成翱翔天际的雄鹰。此时的3号，目光敏锐、勇气可嘉，不断在声浪里磨砺自己的意志，善于独处，不像孔雀那样寂寞难耐。更可贵的是，鹰不仅在形态上雄姿赳赳，令人仰视，而且给人一种睿智、干练而且沉得住气的感觉。

第五章

4号浪漫型——世俗令我厌倦，生活永远在别处

“感谢上苍赐给我欣赏美丽事物的眼光，以及一颗善感的心；让我明白最平凡的日子也值得珍惜，帮助我享受眼前真实的生活，体会眼前的笑语，痛苦和喜乐是每个人都拥有的权利。”

——4号浪漫型的祈祷

代表人物：亚里士多德

公元前384年，亚里士多德在富拉基亚的斯塔基尔希腊移民区出生了。他的家庭是奴隶主阶级中的中产阶层，父亲是马其顿过往腓力二世的宫廷侍医。公元前367年，亚里士多德迁居到雅典，他曾经学过医，且在雅典柏拉图学院学习过很多年，是柏拉图学院的积极参加者。

亚里士多德结合多年的生活阅历，领悟出了一个道理：天才都是忧郁的。这位伟大的哲学家，为人类做出了巨大的贡献，可他的一生都被忧郁笼罩着。他在被忧郁侵袭内心之后，经常躲在一个角落里，望着深邃的天空而黯然伤神。天才的忧郁，是它本身所具备的内涵，也是一道独具魅力的风景。亚里士多德曾经走出过那片忧郁的阴影，但最终还是被它笼罩着。

两千多年前，在雅典郊区的一片神秘而幽静的树林中，柏拉图跟他的弟子们一边散步，一边探讨问题，当时亚里士多德就在其中。柏拉图时而侃侃而谈，阐释着自己的各种思想；时而睿智机警，回答着弟子们的各种问题。

亚里士多德深受柏拉图的器重，他跟老师曾经多次畅谈、争论，让老师也一度感到头痛。亚里士多德博学多思，年轻气盛，两者结合起来就形成了咄咄逼人的气势。柏拉图曾经惊恐地说："亚里士多德向我发起了进攻，就像是一匹小马驹攻击它的母亲。"

"吾爱吾师，但吾更爱真理。"这是亚里士多德说过的一句名言。他甚至暗示，智慧绝不会随柏拉图的去世而消失。在学院里，他经常跟柏拉图争论，有时将老师置于尴尬的处境中。他不同意柏拉图把真实存在看成是"人的理念"的唯心观点。之后，他又摒弃了柏拉图另外的一些唯心论的观点。

亚里士多德为什么忧郁呢？如果柏拉图不是他的老师，他或许可以心安理得。可正因为两人之间存在的师徒关系，才让他倍感矛盾。每次跟老师争论后，他总在内心深处责备自己。他无法避开老师的阴影，碰到一些难以解释的现象，还是会把老师的一些唯心论的观点拿出来，弄得自己很矛盾。很多时候，遇到回答不出来的问题，他依然要去请教老师。

公元前347年，柏拉图去世。亚里士多德感受到了前所未有的孤独，这个时候，他才恍然大悟：唯有在老师的光芒的照耀下，他才可以闪光；没有了老师的照耀，他的存在就显得形影相吊。其他的学生陆续离开了学院，亚里士多德却在那里守了两年，以表示对老师的哀思和忏悔。

两年多之后，亚里士多德离开了雅典，四处游历。公元前335年，他又回到雅典，在那里建设了自己的学院。他在讲课时有一个习惯，就是一边走一边探讨问题。很少有人知道，他是在用这样的方式寻找老师的影子。

一个哲学家的孤独，有谁能够体会呢？亚里士多德一直活在阴影中，经常无法抑制内心的悲哀而哭泣。在那个时候，他无法向志同道合者倾诉自己的思想，这难道不是一种悲哀吗？

当亚历山大去世的消息传到雅典后，瞬间就掀起了反对马其顿的狂潮，雅典人攻击亚里士多德，给他判了不敬神罪。当年，苏格拉底就是因为此罪而被判处死刑的。亚里士多德还算幸运，他最终逃出了雅典。然而，命运却并未眷顾他，第二年他就去世了，享年63岁。

亚里士多德是九型人格中典型的4号浪漫型，他追求独特，情绪波动较大，喜欢不寻常、有艺术性而富有意义的事物，热爱幻想，认为死亡、苦难、悲剧才是真实的、有价值的，他们对美感的敏锐度从衣着、环境布置中都可窥见。这类人天性悲观，认为生命是一个悲剧，别人不了解自己，与人相处若即若离，活得十分自我。

性格闪光点：始终怀有一颗“真善美”的心

“我时常觉得自己跟别人不一样，我是不平凡的，也是独特的。我不太喜欢跟人交往，总觉得别人不理解自己，如果被人误解的话，我会很难受。跟不熟悉的人相处时，我通常都会表现得很冷淡，但我并不是一个冷漠的人，对别人的痛苦我总是能够感同身受，也愿意给他们支持和帮助。可当我自己遇到不开心的事时，我却喜欢一个人待着，慢慢地处理那些坏情绪。我心里藏着很多的梦想，但它们似乎遥不可及……”

在九型人格中，4号是最独特的一类人：他们不甘平庸，追求独特；他们忠于自我，不媚世俗；他们敏感细腻，浪漫悲情；他们极具创意，激情四射；他们追求完美、理想主义。

人们给4号起了很多代名词，将他们称为“坠入凡间的精灵”，因为他们在非世俗化的精神家园里，强化着自己的独特存在；也将他们称为“悲情浪漫主义者”，因为他们在苦乐参半的精致情绪体验中，享受自己的孤独感触；还将他们称为“理想主义战士”，在义无反顾地坚持自我真理和个性的漫漫征途中，追寻生命的真谛和终极意义。

4号很忠实于自己的感受，因而喜欢浪漫的事物，善于发现一切美的东西，并欣赏着自然界和生活中的美。对他们来说，平凡的、重复的、乏味的事物，是难以忍受的。正因为善于感受不同的美，他们才莫名其妙地被事物感动，并道出灵性的语言。

《红楼梦》里的林黛玉，就具备了4号人格者的所有特质。她是浪漫主义者，也是悲情主义者，即便是花开花落这样自然交替的事物，也会引发她的无限哀愁，含泪葬花，谱写一首动人心扉的《葬花吟》。

“我总是觉得自己是独一无二的，然后才会想到别人和我的共同点。我的家人也觉得我很敏感，虽然他们很爱我，可我还是会有一种孤独感，觉得自己缺少了什么。”

不太合群，喜欢独处，也是4号的一大特质，因为与别人相处时，他们很难找到真正了解自己的人，这会让他们感到迷茫和失意。所以，他们的内心总是孤寂的，甚至孤寂到已经成为习惯，用大把的时间去独自思索，探索自己，欣赏自己。

“我能深刻地感觉到人性的真伪，我对别人的观察也比一般人要深。我很重视人的感受，也能够理解别人的痛苦。我是一个感情丰富的、浪漫的、不媚世俗的、有品位的、有个性且喜欢我行我素的人。”

这是一位4号人格者的自我评价。他们似乎有一种天生的熟悉感，总能敏锐地体会到别人痛苦的心情，从而利用自己细腻的情感，帮助别人战胜痛苦，走出情感的沼泽。他们就像是美的创造者，哪怕是消极的东西，也可以变成他们眼中美的享受。

4号给人的感觉，似乎有点不食人间烟火的味道，不懂得人情世故，很难融入集体。可是，他们善良而充满灵性，在别人需要帮助和安慰的时候，他们会耐心地付出自己的爱。当他们感受到强烈的情感时，会表现出超乎人想象的活力和热情。他们一旦把注意力放在别人的需求上，就会忽视自己的欲望，忘却自己的痛苦。

4号厌倦世俗的生活，因而活在痛苦的内心世界里。由于长时间让自己陷入阴郁的情绪中，他们反倒更容易体会到别人心中的郁闷忧伤，也更能以真实的情感来慰藉别人。他们的心是真挚的，情感也是真挚的，这时的他们就像一个救世主，虽然自己会被钉在十字架上，却能在别人最需要的时候及时出现，这让他们的情感得到一种被需要的满足感。

4号身上的灵气、悟性、创造力，往往很难真正的被理解和欣赏。由于不太懂得人情世故，让他们显得不合群，当他们寻找内在的真正认同和灵魂的真实对话时，却被误解为古怪和另类。即便如此，4号依然我行我素，他们从不吝惜与自己的内心联结的时间，始终怀着一颗“真善美”的心，以独属于自己的方式存活于世间。

性格黑暗点：过分追求自认为缺失的美好

“每次碰到比自己优秀的人，我心里都会萌生出一种羞愧感，变得很没有自信，甚至认为自己一无是处，哪里都不如别人。”

“他离开之后，我觉得自己再也不会拥有爱情了，和他在一起的日子，是我人生中最美妙的时光，是无可替代的。”

“如果我能再努力一点，也许就不会是现在的结局，一切的结果都是我自己酿成的。”

“……”

从这些4号人格者的内心独白中，你是不是也读出了一些东西？

没错，就是“缺失感”！

4号总是有意无意地把注意力放在那些遗失的美好上，眼前的一切对他们来说似乎毫无吸引力。他们总觉得自己存在缺憾，会不停地追问：假如我做得更好，是不是就不会有这样的遗憾了？可是，真的有下一次了，就算他们做得很好，那种缺失感还是会冒出来，让他们陷入痛苦中。4号认为，只有自己表现得更有价值，才不会造成缺憾，才不会被遗弃。所以，他们一次次地降低自尊，来获取心理上的平衡。

4号追求独特，厌恶平凡，这让他们在性格上显得有些偏执。他们很难接受真实的自己，而妄求真正的自己，这就使得4号坚信一个观点：只有表达自己内心深处的情感，才能得到真正的自己。在这种想法的作用下，一旦他们看到无法令自己满意的现实，就会选择逃避，躲进幻想的浪漫中。这样的话，他们就能生活在别人无法走进的世界里，久而久之，就变得越来越孤立。

4号的生活总是充满了戏剧性，这是因为他们有着强烈的情感，总能敏锐地观察到别人对自己的一举一动。他们总是会从别人的语气、语调中幻想出某些暗示、隐射的情感，而不会让自己轻易相信别人的真实含义。

4号的痛苦多半都来自于过于追求那些所谓的“生命中缺失的部分”，从而让自己总是以错综复杂的视角去解读身边的人和事。他们时常为失去的东西耿耿于怀，却看不到拥有的东西的美好。对已经拥有的东西，他们总是吹毛求疵，认为得不到的最美。

这就是矛盾、执着而又抑郁的4号。

可能性成因：我若不独特，就没有人爱我

“我是一个很自我的人，每天最喜欢做的事就是找个安静的地方胡思乱想，或是什么都不想，任由自己发呆。我不向往锦衣玉食和功成名就的生活，只要不为生计劳苦奔波就很满足。我害怕奢华、热闹的场面，担心自己会迷失，变得无所适从。我经常会暗自伤神，哪怕是面对深秋的落叶，也会有悲伤的情绪，我觉得自己是个彻头彻尾的悲观主义者。我害怕被别人误解，害怕自己的感情世界支离破碎，害怕生命中存在无法弥补的缺憾和不足，渴望被人了解和认同……可这一切，似乎很难。”

这是一位4号女孩的内心独白，之所以会形成这样的性格，和她早年的经历有关。她年幼时生活在一个很幸福的家庭里，可是突然有一天，父母出了车祸双双离世，给女孩造成了强烈而巨大的心理创伤，由此产生的疏离失落感，让她体会到了生命竟是如此残酷。

4号的内心很渴望得到父母的爱，他们在成长的过程中可能很孤单，有些是因为父母去世、离异或关系不好经常吵架，让他们觉得是因为自己不对或不好，才导致了这样的局面。但不是所有的4号都有一个缺爱的童年，有时候，是他们人为地把遗弃的感受扩大了。

“有一次我生病了，妈妈精心照顾了我好几天。当我病好之后，妈妈又开始忙工作，变得和以前一样，不再那么关注我。我突然产生了一种感觉，妈妈并不爱我……”

“我小的时候，爸爸特别宠爱我，经常背着我、抱着我去玩，晚上睡觉前还给我讲故事。后来，我慢慢地长大了，爸爸就不再像以前那样对我了，他好像故意跟我保持距离，我有一种很大的失落感，觉得那样的父爱再也不会有了。”

类似这样的事情，如果换成一个非4号性格的孩子，往往都能自然而然地接受，不会有难过失落之感。但对4号来说就不一样了，他们会把微不足道的细节放大，归责在一种被抛弃的感觉上，从而陷入阴郁的状态中。

4号很渴望跟父母融洽相处，得到他们的爱，但经常又会觉得与父母合不来，性格不同或是想法南辕北辙。这个时候，他们无法对抗父母，就只能在心里纠结，认为是自己的原因才导致了这样的关系。事实上，他们很小的时候，就会对自身的一些小缺点，或是自己缺乏的东西特别敏感，觉得正因为此，才不被父母重视。

情感模式：于茫茫人海寻找灵魂伴侣

4号人格者的情感是强烈的，他们心思细腻、神经敏感，时时刻刻都在把感情放大，一点小事也会让他们欣喜若狂或是悲痛欲绝。在多数人看来，4号的情绪变化太过无常，经常会给人带来剧烈的心灵刺激。在亲密关系中，一般人很难和喜欢跟着感觉走的4号保持长久的亲密关系。

不知道是否因为这个缘故，4号人格者通常都会把希望寄托于未来，期盼着有朝一日能够寻觅到一个全心全意爱自己，且能够接受自己一切的灵魂伴侣。他们在潜意识里认为，自己目前所做的一切，都是在为将来的浪漫邂逅作准备。

这种美好的幻想，是4号逃避现实的一种途径。他们有着浓烈的悲观主义倾向，习惯性地关注事物的阴暗面，让自己备受折磨。所以，他们把目光投向远方，把未来设置得像童话一样完美，直到某一天被真爱唤醒。

4号一直相信，在寻找灵魂伴侣的过程中，可以帮他们找回真正的自我，感受到最完整的生命。可是，当“真爱”降临时，他们并不会变成简单而满足的人，他们会发现对方没有想象中那么好，那一颗准备多年的“真心”也会莫名地飞向别处。接着，他们就会厌倦亲密关系，甚至害怕，并与对方发生争执，然后疏远对方。

对4号来说，“距离产生美”是一句真理，但令人费解的是，4号人格者离开一定距离后，又会重新惦念对方的好，并再度回归亲密关系中。这种忽冷忽热的态度，很容易让对方身心俱疲，最终彻底跟他们分开。

在情感方面，4号必修的一堂课就是，如何让亲密关系保持在恰当的安全距离内。他们希望保持激情，但不懂得如何跟对方共患难，也不知道自己强烈的情感变化会给对方带来多大的伤害。如果能够处理好这个问题，情感丰富的4号人格者会给身边的人带来生活激情，而不是情感负担。

情感互动指南

如果你的另一半恰好是4号型人格者，那么如何跟他们融洽相处，减少情感冲突呢?

· 接受并允许4号拥有独特的想法

4号追求独特，他们不渴望朝夕相伴、时刻黏在一起的爱情，而是认为爱情应当有深度，需要有个人的空间。加之4号一贯我行我素、独断独行，给人感觉他们似乎更喜欢一个人生活。但是，4号的内心很渴望伴侣能够了解他们的这种表现，因为这正是他们的独特之处，他们把这种理解认同于伴侣是欣赏自己的独特，才爱上自己的。

作为4号的伴侣，要接受并允许4号有独特的想法，不要去评价他们的想法，这很容易让他们认为你是在批评他，因而产生不满的情绪。无论4号的那些独特行为让你多么痛苦，都不要用尖刻的语言去评价，这会催化他们的羞耻感，触及他们的深层恐惧。要学会正面评价4号与众不同的想法，给予他们充分的支持，帮助他们把想法变成现实。

· 用热情化解4号的缺失心理

4号总是带着强烈的缺失感，骨子里透着孤独、凄凉的味道。他们喜欢阴郁的格调，这种悲凉的情绪让他们很自卑，害怕被抛弃，因此他们看待伴侣的眼光总是充满消极的色彩。一旦他们消极地看待伴侣，就愈发感到不安，认为自己随时都可能被抛弃，继而变得苛刻，处处挑剔伴侣，引发矛盾和争吵。

对于4号的伴侣而言，需要理解4号关注缺失的消极心理，并用宽容和热情让他们感受到你的爱意，引导他们去正确看待自身的缺失，帮助他们树立积极的心态，乐观地看待生活。

· 在4号情绪低落时安静陪伴

在4号看来，世界是缺失的，是充满悲苦的。当他们感觉自己为伴侣所做的一切都没有受到重视或被否定时，就会陷入到消极的状态中，从而削弱了他们的力量，无法发挥出自身的独特性，实现不了个人价值，加剧坏情绪的蔓延。

4号的伴侣要包容他们的情绪反应，尤其是他们因为小事而引发情绪上的大起大落时，要给予理解和关怀，给他们一个安全的时间和空间，让他们细细地体会内心的情感，并有机会表达出来。千万不要用追问的方式表达关心，4号所理解的关心是对方能够感受到他们情绪低落的原因，并以合适的方式来呵护他们。所以，对情绪低落的4号真正有效的关爱，就是静静地陪在他们身边，用无声的行动来表达爱意。

· 用若即若离的方式给予4号神秘感

4号害怕被遗弃，害怕失去爱，害怕找不到真实的自我，他们一生都在寻求一个懂自己的人，所以经常对感情若即若离。他们喜欢这种距离感，以保持自己在伴侣心中的神秘和美感。为此，他们经常把自己和伴侣置身于“推—拉”的游戏中。想跟4号保持一段长久的亲密关系，就要理解他们喜欢“若即若离”的心理，并主动制造“距离美”。

职场角色：不走寻常路的“美学践行者”

在早期的职业生涯中，4号比较容易迷茫，跟随别人的脚步跑，去从事他人眼中的好职业。但他们不是现实的功利主义者，而是具有理想主义色彩类型的人，遵从内心的感觉对他们来说甚是重要。所以，他们很渴望找到理想的工作，无奈总在现实中碰壁，让其内心变得纠结和恐慌。

如果4号无法展示独特的自我，对他们来说是莫大的痛苦。他们最讨厌按部就班、一成不变的工作，这会消耗他们的灵感。他们希望做有意义的工作，能够找寻到生命的意义，所以4号倾向于那种需要发挥创造力的工作，也希望得到自由的、灵活的工作时间和方式。即便是没有从事原创性的工作，4号也会努力在平凡中挖掘新意，把工作上升到艺术的层面。

概括来说，4号无论从事什么职业，都不会停止寻找自己的理想，都希望获得不一样的成就。只要找到了目标和定位，他们就会迸发出巨大的潜能。对他们而言，工作就是践行个人美学的途径，为了这个目标，他们甘愿付出一切。

职场互动指南

了解了4号在工作方面的特点，接下来就要说说，如何在职场中跟4号人格者相处了。

当你遇到4号型上司，不妨这样做——

·让4号上司看到你的与众不同

4号追求独特，并时刻展示独特，在管理方式上也比较特殊。他们希望给人营造一种这样的感觉：一走进团队，就能感受到它的与众不同。所以，4号上司很喜欢重用那些有独特之处的员工，认为这是获得成功的一大要素。当你发现你的上司是4号人格时，一定要注意突出你的特点，这样更容易吸引他的关注和得到他的认可。

·不要被4号上司的负面情绪影响

4号的情感跌宕起伏，总在悲喜两个极端之间徘徊。脱离现实的幻想，经常会让他们的情绪戏剧性地爆发。面对这样的上司，下属很容易受到负面情绪的影响，变得消极怠工。

实际上，4号上司的情绪化并不是针对某个人，他们的情绪反应很难捉摸。当他们莫名其妙地发脾气时，不要急着把问题归咎于自己，陷入他们的情绪中。要知道，4号虽然在发泄情绪，可他们依然关注下属的工作业绩。无论他有多么情绪化，只要你能够出色地完成任务，就能赢得他的好感与信任。

·不要追求“令行禁止”的效果

4号上司很善变，做了一个决定之后，很有可能立刻就推翻，另行决定。他们通常都是跟着感觉走的，如果你追求“令行禁止”的效果，积极执行命令，在看到自己的付出一次次被否定后，肯定会异常沮丧和恼火。

跟着4号上司，要放缓执行命令的脚步，避免做无用功。你可以采用“急答应，慢行动，临行动前再请示一下”的做法。如果没有变化，再开始行动。

当你遇到4号型下属，不妨这样做——

·帮4号下属化悲痛为力量

4号喜欢关注事物的黑暗面，经常会把自己置身于痛苦的心境，去感受负面情绪带来的痛苦。他们不认为这是痛苦，而是将其视为艺术。艺术的追求和现实的痛苦交织在一起，能让4号感悟到生命的本质，调动他们内心的张力。

当你发现4号下属正处于痛苦的心理状态时，要注意分辨他们对痛苦的认知：是以痛苦为痛苦，还是以痛苦为快乐？若是前者，就要帮他们走出心理阴影，寻找积极的生活理念。如果是后者，则不必干涉，那是他们创造力的源泉。

·帮助自卑的4号重建自信

4号经常会拿自己跟别人比较，并得出结论：我是不完美的，我跟别人相比有所欠缺。这时，他们会产生两种心理：一是嫉妒，二是自卑。当你发现4号下属处于情绪低谷时，第一要紧的就是帮助他们重建自信。

具体来说，就是要用一切方式方法让4号明白：世间的每一个事物、每一个人都有其优势，都有其存在的价值。同时，也要帮助4号下属努力提高透过现象看本质的能力，客观地分析对他们有利和不利的因素，特别是要看到自身的优点和潜能，而不是妄自菲薄。

执念修正：别让夸大的情感替代真实的美好

4号是天生的艺术家，爱幻想是他们最主要的特质。但因为幻想让他们痛苦于现实的不美好，痛苦于世界的平凡，使得他们甘愿躲进幻想的美好中，不想走出来，造成性格上的局限。

4号的想象力极其丰富，他们的注意力始终在远方，而不是眼下的生活。他们关注过去、关注未来，就是不关注现在；他们关注远在千里的人，就是不关注身边的人。对缺失的人和物的关注，总能让他们注意到遗失的美好。

在4号看来，距离产生美。他们总觉得，当一个人或事处于一定距离之外时，它们的优点会变得格外突出，会吸引他们的注意力。倘若这些人和事就在眼皮底下，它们不那么美好的地方就会逐渐显露出来。如果4号被迫把目光转移到一件正在发生的事情上，他们会很失望，因为他们看到的都是不美好的。这就如同一记重拳打到脸上。

事实上，那些遥不可及的人和事，真有那么美好吗？未必。多数情况下，都是被4号夸大的情感控制了，阻碍了他们去感受现实的美好。

4号应该明白，拥有的东西才是值得珍惜的，也才有珍惜的机会。

不要总是沉浸在自己构想的世界中，以夸张内在情绪、情感的方式来扩大不真实的世界，越是想要用力去握住自己缺失的东西来填补内心的匮乏，越是会让自己陷入匮乏之中。

张开双手，看看手中已经拥有的一切才是真正感受“具足”的关键。静心体悟自己内心的渴望，专注当下，多一些冷静的态度，真正的去觉察外在的客观世界，并从客观世界中收获对世界真相的内在感悟，并以这份感悟作为真正填补内在空虚的珍宝。

第六章

5号观察型——冷眼看人间，活成一个旁观者

“感谢上苍赐给我求知的心和敏感的判断力。请帮助我学习和人接触，并且信任来自内心的智慧，使我更慷慨地和他人分享知识，有勇气参与他们日常的活动。”

——5号观察型的祈祷

代表人物：李嘉诚

李嘉诚曾经说过这样一句话：“人家读书求学问，我却是在抢学问。”

简简单单却充满力度的一个“抢”，道出了他对学问的重视和饥渴程度。

李嘉诚出生在潮州的一个书香世家，虽然家庭条件不太富裕，可父辈们都是读书人。他记得很清楚，年幼的时候，父亲不管走到哪儿都会带上他，他觉得父亲是受人尊敬的，被人重视的。这种感觉在他的心里生根发芽，且坚定了他的价值观：有知识的人令人敬仰。

12岁那年，李嘉诚跟随父亲来到香港。遗憾的是，不久之后，父亲就与世长辞了。无奈之下，李嘉诚被迫辍学，并挑起家庭的重担。处境虽然艰难，可他从来没有因为失学而放弃求知。跟他交谈过的人都会发现，他经常会在言语间引经据典，很多诗词歌赋可谓是信手拈来。他自言这么多年来，没有一天不看书、不求新的知识。

李嘉诚说，除了小说以外，他什么书都看，文、史、哲、政、经济与科学，对他而言都是现代企业家必须掌握的知识。他认为，如果能够跟随社会进步，甚至跑到前面一点，那么判断未来的能力会更加准确。高瞻远瞩，能够看到常人看不到的远景，这是5号人格者的强项。

李嘉诚不但重视知识，渴望知识，他还擅长把浩瀚如烟的知识分门别类，归纳成一套系统的理论。他那著名的三Q创富理论，就充满了浓烈的5号风格。他在功成名就后，甚至是登上了亚洲首富的宝座后，依然保持着学习的精神。50多岁时，李嘉诚一边攀登事业的高峰，一边苦学英语。到了70岁时，他还兴致勃勃地学习电脑。

在李家兄弟的童年时期，每天晚上，辛苦了一天的李嘉诚都会坐在书桌前阅读。每逢星期日，李嘉诚就会带两个儿子一起出海游泳，而游完泳后，必定要给他们上一堂严肃的国学大课。他会拿出随身携带的《老子》《庄子》等书，一句一句地读，然后一个字一个字地解释给儿子听。时间一长，儿子也记住了传统的做人准则，比如诚实、信义。

5号对知识的渴望无比强烈，但在生活上却极其简朴。李嘉诚并不缺少财富，可他的房子和游艇都用了多年，手上的手表也不过价值几十块钱。他的西装和皮鞋都不是名牌奢侈品，款式也不新颖，都是穿旧了才换。

有记者曾问李嘉诚："潮州人是不是都很吝啬？"李嘉诚说："潮州人只是刻苦，而非吝啬。"他还强调，"我绝对不吝啬，尤其是在对公司、社会贡献方面和作为中国人应该做的事情上，绝不会吝啬金钱。"

李嘉诚是典型的5号型人格者，这类人喜欢思考问题和探究问题，十分理性，一切事物都追求简单化，对时间、空间和知识十分贪求。他们在人际关系上保持理性的状态，就像是一个善于分析、理解力强又有洞察力的旁观者。

性格闪光点：一生都在发挥思考的力量

美国前总统罗斯福的家里曾经失窃，损失了大量的财物。一位朋友得知消息后，立刻给罗斯福写了一封信，试图慰问一下。不久后，这位朋友收到了罗斯福的回信：

"亲爱的朋友，非常感谢你来安慰我。我现在很平安，请你放心，而且我还要感谢上帝：首先，小偷偷去的是我的财物，没有伤害到我的生命；其次，小偷只偷去了我家的一部份东西，而不是所有；再次，最让我值得感谢的是，做小偷的是他，而不是我。"

通过这封简短的信件，结合发生的事实，不禁给人这样一种感觉：面对失窃之事，罗斯福表现得极其冷静和理智，宛若一个旁观者。他还列举了3条感谢上帝的理由，充分展示了一个正向思考者的特质。谁也不会想到，这样一位曾在美国政坛连任四届总统，对联合国的建立做出过突出贡献的政治奇才，竟是一个自幼患有小儿麻痹症的人。

罗斯福是典型的5号人格者，正向思考是他性格中最大的闪光点，也是所有5号人格者都具备的性格优势。在九型人格中，5号可谓最深沉的一类人，喜欢知识、追求智慧，以求充分认识这个充满疑惑的世界。他们最典型的思维特征就是：有了逻辑，才不会犯错，才敢行动。

5号喜欢做自己感兴趣的事，无论有没有人支持，无论外界如何评判，只要是自己认准的事情，就会排除一切干扰，全力以赴。他们执着于自己感兴趣的事，但不会执着于情感的联系，在面对情感时，也能够很好地保持冷静的头脑和清晰的思维。

“我从来不邀请朋友到家里做客，也不喜欢爱人带朋友回来，我经常因为他带朋友到家里打牌而跟他吵架。我觉得，家就应该是自己的空间，如果这个空间有别的人，我会感觉自己被侵犯了一样难受，直到别人离开或是我自己离开，去找一个独立、安静的地方，那种难受的感觉才会消失。”

5号很重视自己的隐私，渴望拥有一个私密的空间，能够在此休息、思考，周围都是自己熟悉的物品。在这个地方，他们会感到安全，可以躲避外界的侵犯，并在这个充满记忆和象征性物品的世界里整理自己的思绪。同为5号的爱因斯坦也曾说过：“我对生活的最大愿望和期盼就是能够安安静静地坐在一个角落里干我自己的事，而不希望人们注意我。”

5号喜欢隔离，但不会完全撤退到自己的私人空间，或是在自己身边树立起情感的围墙，而是把自己的感情排斥在外，站在自身之外的某个位置来观察一切。他们可以把自己的注意力全部集中在身体之外的某个点上，用这种方式让自己消失，就像下面这位5号人格者所言：

“我喜欢做瑜伽，因为这样能把自己完全封闭起来，好像根本感觉不到自己的身体。我经常把自己的思想从身体中抽出来，就好像灵魂出窍一样，我能够看到自己做出的每一个动作，但是没有任何身体上的感觉。”

产生这种思想和身体分离的原因，是由于5号习惯把注意力与对他们产生威胁的目标分开，通过无视危险，来消除内心的恐惧感。这不同于冥想者，5号是被迫以一个旁观者的身份来看待令他们害怕的事，让自己不注意眼前的事物给自己带来的真实感觉。

5号有着超人的智慧和对知识的强烈渴求，即便是面对那些晦涩难懂、令常人苦恼生厌的知识，只要是重要的、有用的，他们都会潜心研究，因而他们会成为出色的学者，或是思想与科学的巨匠。

在顺境中，5号是优秀的分析师，有着博学客观的见解；在逆境中，他们是慷慨的奉献者，懂得尊重别人，虽不会热情地劝慰，但他们或许已经用旁观者冷静的思维，帮对方想到了办法，给予当事人最需要的解决办法。

性格黑暗点：对私人时间和空间过分贪求

霍华德·休斯，美国著名的电影制片人、飞行员和亿万富翁，他是典型的5号人格者。尽管有诸多的荣誉和财富在身，霍华德过得却并不那么“风光”，由于性格的缘故，他总是设法避免与人接触，宁愿选择隐居也不去享受自己创造的豪华生活。从这个角度来看，霍华德是一个拥有病态精神分裂症状的5号。

从霍华德的身上，我们已经看见了5号人格者在性格方面的黑暗点。他们的生活严肃而有条理，很多人会觉得他们无趣，甚至将其称为“尚未悟道的佛”。的确，5号不太喜欢生活有太大的变化，他们属于严格的理智型人才，喜欢走自己选择的路，不会去幻想那些从未选择的路上会有什么样的风景。多数的5号都很富有，且知识渊博，但他们依然会觉得潜在地欠缺安全生存的工具，因而他们贪求能够让自己感到安定和独立的一切。

5号贪求的不是物质，他们对物质的需求并不高，而是更渴望能够丰富他们内在世界的资讯。为了安全起见并获得滋长，他们十分贪求私人时间和空间。

“孤立是一种偏见，这是我非常重视的。内在世界是自立的，我能独自一人过活。虽然有些情况会让我感到孤单，但一般而言，独立是一种享受。隐私确实使我获得滋长，我热爱独处于没有任何要求的情境中——那实在是无上的喜悦。”

可想而知，当必需品随时都有被夺取的可能，吝啬就成了必然的结果。对5号来说，时间、精力和个人空间，就是他们的最佳必需品。他们机警又善于观察，对别人行为中表现出的细微差异，都会格外留意。如果别人对他们有所求（几乎所有的请求都被他们视为要求），他们会冷静地回应，但是就像一位5号人格者说的那样：“虽然我能给出他们所需要的一切，但我只给得刚刚好，好让他们走开。当有人问我好不好时，我的直觉反应就是，我很好——我给的不多，人们最好不要管我。”

从这一点上不难看出，5号害怕牺牲自己的独立性去依附他人，害怕自己最看重的私人空间遭到侵犯，害怕自己受到伤害，即便是面对最真挚的感情，他们也表现得很冷静，甚至是事不关己的冷漠，而不愿意付出自己的真情。

可能性成因：我若没知识，就不会被重视

很多人都好奇：理智、冷静的观察型人格，究竟是如何形成的呢？

相关专家认为，这种人格的形成原因可能是这样的——

“我妈妈很烦人，在我成长的过程中，她总是充满了忧虑，凡事都小题大做。我的房间就成了避难所，在里面我可以做任何自己喜欢的事情。我无师自通地设立无线电台，最后还拿到了业余执照，现在我依然每天花好几个小时在无线电上。”

“我10岁的时候，突然有一天，望着父母的脸，萌生了这样一个想法：他们根本不知道如何帮我在这个世界上立足，如果我依赖他们，根本不可能成功，我必须要靠自己。然后，我就真的这么做了。”

从这两段内心剖白中，我们能够读出一些信息：5号人格者花费了大量的时间来维持自己的疆界，他们建立稳固的心理栅栏，安然地生活在其中。从孩提时代开始，他们就构筑起一道高墙来抵挡外人，甚至是亲人的要求。因而，5号就选择从情感中抽离，采取最低要求的处世方法：与他人保持最低来往，既不依赖别人，也不对别人抱太大期望。

5号是反依赖主义者，他们对所谓的“我与你”的关系，始终带着怀

疑。他们习惯抑制感情，这会给他们带来某种程度的满足感。他们以缩减自己的情绪和渴望为荣，也具备这样的能力，他们不在意是否有人拉自己出来，在情绪的拔河比赛中他们充满韧性。

许多5号都表示，他们对于家庭成员所饰演的角色的印象很简单，也很直接。父亲就是父亲，母亲就是母亲，哥哥就是哥哥，每个人的职责都很清晰。因而，他对身边一切事物的关系，都保持冷静、抽离的态度，没有强烈的感受，也不会投身于其中。他们不会像其他类型的人一样思考和父母的关系，渴望得到父母的爱和肯定等，也不会感觉被遗弃或受限制。在回忆年幼时期跟父母的关系时，他们会形容得很普通，甚至有点疏离。

5号很少要求父母给自己买喜欢的玩具、糖果，也很少要求他们带自己去什么地方，他们喜欢一个人待在家里看书、玩电脑。他们喜欢独处，做自己感兴趣的事。在这样的环境里成长起来，他们就变得有些“淡漠”，成为了一个冷眼看世界的、睿智的旁观者。

情感模式：渴望真情，却又害怕靠近

在九型人格中，5号是最不容易产生亲密关系的类型。他们不合群，拒绝各种社交场合，喜欢待在自己的私密空间里。就算是置身于人群中，他们也会找个安静的角落，做一个冷漠的旁观者，看着周围人的反应，却不参与其中。

比起行为上的离群索居，更让人难以捉摸的是5号的心思。他们在内心构筑了一道围墙，阻挡别人窥探自己的内在世界。从他们的表情上，你很难看出喜怒哀乐的情绪，即便有表情变化，也可能是他们故意展示给你的极其有限的内容。

5号在处理人际关系时有一个特别的习惯，就是把自己的生活划分成不同的隔离区，每个区域里装着不同的朋友。每个区域内的朋友，看到的都只是5号的一个“侧脸”，他们不会让别人了解完整的自己。

之所以这样做，是为了保证自己有独处的空间，毫无顾忌地释放被压抑的情感。他们会在这里独自沉思、充电学习。虽然5号给人的印象有点形单影只、孤单落寞，可他们很享受这种不被人情俗事打扰的乐趣。

5号害怕与人产生过于亲密的关系，所以他们总是保持近乎冷漠的理智，从感情中抽离出来。他们也渴望真挚的情感，但又对其不太信任。独处的时候，他们会思念某个人，可真的见面时，他们的思想又好像被封印了。

不过，5号也并非不会产生深情，只是他们处理情感的方式比较特别，先是在精神上欣赏对方，而后才是情感。他们不会轻易做出承诺，但一旦做出了承诺，就会尽全力去兑现。他们喜欢节省生命的能量，只会把感情交托给精心筛选过的、可以信赖的对象。

情感互动指南

跟5号这样习惯收敛情感的伴侣相处，该如何沟通互动呢？

· 满足5号独处的需求，多给他们私人的空间

5号注重个人的私密性，喜欢自由独立的工作，沉醉在知识、信息的世界里。即便是在恋爱关系中，也希望能拥有私人的空间，和伴侣保持一定的距离。他们通常会把伴侣从自己的朋友圈子中隔离，避免自己把感情生活和人际交往混在一起，泄露自己的秘密。在5号的世界里，爱情是爱情，友情是友情，工作是工作，他们不允许自己把这些情感相互混淆。5号过于关注对学术的钻研，并把身边的人划分到不同的区域，这种做法会让伴侣很受伤，认为自己不过是他们生活中可有可无的存在。

其实，这是一种误解。作为5号的伴侣，要理解他们追求独立的心理，5号只是渴望建立一个感情的保护网，减少外界对自己的冲击，避免情绪上的大起大落。他们面无表情不代表不重视伴侣，当他们静下来时，也会反复体味伴侣的种种好处，并思考如何跟爱人更好地相处。多给5号一些私人空间，往往更能赢得“亲密有间”的感情。

·理解5号吝啬时间的心理，多分担琐碎的家务

5号把大部分的时间都用在了追求知识上，很少抽时间来关注身边的其他问题。在爱情中，由于5号过度吝啬时间，使得他们很难留意到伴侣的精心付出，以及为他们策划的生活惊喜。他们认为浪漫的气氛不实际，不如多看点书丰富内涵。

由于吝啬时间，5号很少做琐碎的家务。当伴侣好心为他们收拾东西时，他们会因为找不到随手摆放的物品而生气。在家务劳动方面，5号做得很少，他们认为那些事太浪费时间。这就要辛苦5号的伴侣了，要多分担一些家务。

尽管5号不善于表达情感，可他们内心依然渴望被关爱。所以，5号的伴侣也要多花点精力照顾他们的日常起居，尽量让他们少为琐事分心。这样的话，5号会觉得你是真心在为他创造安全、独处的家庭环境，把你视为心意相通的人。

·不要跟理性的5号大吵大闹

5号是理性主义者，不太关注自己的情感，也很少主动表达，更不会主动说甜言蜜语。他们给人的感觉总是冷冰冰的，似乎对情感心不在焉。5号的伴侣经常会因为他们的冷漠而伤心，并因此引发争吵。

其实，5号的内心是能够体会到伴侣的爱意的，只是他们太过冰冷的状态，隔绝了内心的爱。他们只在感到有强烈的需求时才会主动表达内心的感受。故此，伴侣还是不要太介意5号对表达情意的笨拙，或是误会他们的这种反应一定是负面的，更不要因此与之吵闹，这只会逼迫5号退回到自己的世界，加深彼此的隔阂。

对于5号的伴侣而言，与其让5号以逃避的方式来对待矛盾，不如选择有效地处理自己的情绪，以客观、冷静的态度跟5号交流，这样反而能给他们一个安全的环境，让他们有勇气表达内心的想法和感受。

·对重视隐私的5号不要过分依赖

5号注重个人隐私，因此害怕亲密关系，即便是对自己的伴侣，在自我的时间和空间上，也显得比较自私。在5号看来，与人越亲密，越容易发生脱离关系。所以，他们会跟伴侣保持距离，一方面是因为自己不想被人打扰，另一方面是害怕自己对伴侣形成依赖，难以保持思想和人格上的独立。

在追求自身私密性的同时，5号也尊重伴侣的私密性。他们不要求伴侣跟自己完全一样，甚至不太喜欢伴侣对自己言听计从。在他们看来，无论彼此的关系多么亲密，伴侣也是一个独立的个体。

作为伴侣，要理解5号的这种心理，消除对他们的依赖心理，多关注自己内心的需求，保持独立性，这样才能在爱情中找到合适的距离。

·丰富自己的学识，与5号产生共鸣

5号的求知欲很强，时刻都在关注并吸收新的知识，特别是学术方面的知识。他们注重自身在精神上的发展，也不惜付出时间和精力来充实自我。作为5号的伴侣，也需要看到知识的重要性，并欣赏5号追求知识的毅力，尽量投其所好，共同参与他们正在研究的学术课题，将其作为与5号进行情感交流的资源，找到更多的共同语言。

职场角色：心无旁骛的“资深专家”

5号崇尚简约和实用，对物质需求不高，平时的着装也比较朴素。他们这样做的目的，是为了把精力从物质追求中节省出来，最大限度地排除干扰，心无旁骛地工作。他们所有的心思都放在钻研上，只需要最少的能量维持生活便可。在职场上，5号通常都是某个领域的专家、研究者，即便是坐到了高管的位置上，他们依然秉持一贯的思维方式，喜欢探索工作内容背后的规律。

5号有出色的观察能力和归纳能力，可以透彻地掌握理论知识，并将其用于工作中。他们追求的不是别人认可的成就感，而是心智活动本身。所以，在别人看来那些费力不讨好的开创性的工作，往往都是最适合5号的，他们可以几十年如一日地钻研开发，不会被名利和感情动摇。在这方面，5号的毅力和干劲是惊人的。

5号喜欢不被干扰的独立工作，不太在意跟其他同事交流。在工作之外，他们沉默寡言，几乎不与人谈论私事，讨论的话题永远都是工作。那些需要大量与人打交道的工作，会让5号感到疲惫不堪，他们很难在这样的工作中发挥出自己在思维能力和原创能力上的优势。

职场互动指南

在具体的、实际的工作中，该如何跟5号相处沟通呢？

当你遇到5号型上司，不妨这样做——

· 用简洁清晰的方式表达工作意图

5号的系统化思维能力很强，喜欢把身边的人和事分门别类，以便保持清晰、客观、冷静的态度。他们在讨论和分析工作时，也喜欢用图表的方式来系统地表达思路或想法。

作为下属，在面对5号上司时，要学会客观、冷静地以文字化结合图表的分析来表达工作意图。在向5号上司提交计划时，要着重突出自己的系统化思路，不仅要提出问题，更要提出深刻而有效的解决方案。

· 用间接的方式与5号上司沟通

5号习惯用与人保持距离的方式来维护自己的隐私，他们会刻意回避与他人的亲密关系，尽量避免与人面对面沟通。所以，相比面谈而言，5号更喜欢用QQ、MSN、Email等虚拟沟通工具进行交流。

如果在工作中遇到问题，不妨先给5号上司发一封邮件描述事件，约定需要与其面谈的时间，得到对方的回复后，再在约定的时间与其进行讨论。需要注意的是，至少要给5号上司预留一个小时的思考和准备的时间，以保证沟通的顺利进行。

当你遇到5号型下属，不妨这样做——

· 尊重5号员工的独立性

5号是独立、踏实的员工，总是默默勤奋的工作，很少用言语表达或沟通。哪怕已经做出了瞩目的成就，他们也很少会表现出兴奋的样子，依旧像往常一样工作。

5号把工作和生活分得很清楚，这主要体现在处理职场的人际关系方面。他们对朋友和同事界定得很清晰，不会跟同事谈论工作以外的任何事，更不会陷入复杂的办公室政治中。所以，他们喜欢在工作中以被动的方式接受工作任务，极少主动要求承担新任务。

5号有很强的独立思考能力，也擅长独立处理事情，不轻易与人合作。对于5号的独立性，领导要给予充分的尊重，并为其明确工作方向，订立具体的目标，放手让他们去做。如果对5号进行过多的干预和指导，会让他们感到个人隐私被侵犯，因而无法安心工作。

· 鼓励5号用行动去实践理想

5号有很强的逻辑思维能力，能把自己观察到的一些局部数据，快速上升为一种理论。然后，他们会让自己的思维固定在这个理论上。当生活中的事物与他们的理论不相符时，它们会否定生活，强行用自己的理论去解释生活。

这就是说，5号重理论而轻实践，使得他们经常做出违背现实的事情，阻碍自身的发展。领导者要帮助5号下属从理论的世界里走出来，勇于面对现实，敢于把理想付诸行动。

· 不要让内向的5号下属去应酬

5号很重视个人隐私，时刻担心外人会侵犯自己的私密空间。他们不愿意与人打交道，害怕被人关注，担心自己做出丢脸的行为，担心自己在别人面前张口结舌……总之，他们经常会因为内心的恐惧感而导致生理故障，如：焦虑、面红、心慌、恶心、尿急，等等。

可见，5号不太适合做应酬方面的工作。所以在工作中，要尽量减少或避免让5号下属出席社交场合，这不是他们擅长的事物，若非要勉强，很可能会弄巧成拙。倒不如尊重5号喜欢独处的习惯，充分利用他们善于思考的特质，安排其到研究岗位上。

执念修正：不要把自己的心“隐居”起来

如果5号能多一点人情味，懂得“思人所思，想人所想”，他必然会得到周围人的支持和拥戴；如果5号的才能配上高情商，他必然会成为一个出色的领导者。可以想象得到，当我们身边有一位能力超群又不乏情感思想的人，他必然会成为多数人青睐的对象。

可惜，这只是一种想象，5号永远是冷静的观察者，不可能成为浪漫型和观察型的组合体。但如果5号能够意识到自身性格上的不足，努力进行弥补和改变，突破性格的局限，依然可以向完美靠拢。

5号在生活中很少表达自己的感情和思想，害怕别人会笑话自己的不稳重，总觉得这不是一个成年人该有的表现。实际上，人的心理在受到外界刺激时，会本能地做出反应。如果只是努力让自己的心情保持平衡，尽力避免情感的起伏，反而会产生压抑的感觉。

因此奉劝5号，不要过分控制自己的情感体验，难过的时候也要释放情绪，获得精神上的解脱。情感的表达有助于身心健康，也是与人沟通交流的重要手段。每个人都希望自己的行为明智且理性，但良好的关系所具备的每一个要素，都依赖于感情的投入。

许多5号人格者的感情世界很贫乏，可越是如此，他们反倒越欣赏自己渴望的那种隐居状态，选择尽量脱离大部分的社会关系，将自己的心“隐居”起来。殊不知，在情感的问题上，过于理性会适得其反。

5号总会有一些不平凡的想法，但由于不善表达，总是安全隐秘的行事，无法让别人了解他们的真实情感和思想，这对于个人发展是很不利的。

5号要学会打开自己封闭的世界，尽管保有隐私很重要，但不能过分执着于此，要试着与身边的人交流自己的情感、需求和计划。同时，也要倾听他人的想法，不要一味地按照自己的思维行事，尽量改掉别人发表意见时独自思考个人观点的习惯。这样不仅能够开阔5号自身的思维，也是对他人的一种尊重。

第七章

6号怀疑型——危险无处不在，我要步步为营

“感谢上苍赐给我尊重法律、对朋友忠诚的美德。帮助我体会朋友之爱、家庭之爱，使我有安全感。愿我有勇气克服恐惧，对别人和自己更有信心。”

——6号怀疑型的祈祷

代表人物：任正非

从一家两万块钱筹建起来的普通企业，发展成中国最具影响力的通信霸主，任正非这样概括华为的成功："企业发展就是要发展一批狼。狼有三大特性：一是敏锐的嗅觉，二是不屈不挠、奋不顾身的进攻精神，三是群体奋斗的意识。"

华为能够走到今天，靠的就是国人的眼光、斗争的意识和团结的精神。任正非经常告诫自己的员工："要敢想敢做，要勇于走向孤独。不流俗、不平庸，做世界一流企业，这是生命充实激越起来的根本途径。"

10年来，任正非每天思考的不是成功，而是失败，他并没有体会到什么荣誉感和自豪感，满心装的都是危机感。他总在想：要如何做才能活下去，活得更久一点？失败这一天总会到来，大家要准备迎接。这是他一贯以来的看法，倒不是什么悲观主义，而是他坚信历史的规律。

在这种居安思危的忧患意识下，华为科技不断地创新，不断地突破。任正非最喜欢说的一句警示语就是："华为的冬天来临了吗？"说起来，任正非的这种危机意识，不仅仅来自于他的经验和感悟，更重要的是来自于他的性格。

对，这就是九型人格中的6号——怀疑型人格者。

6号人格者质疑任何事物，在他们看来，世上唯一确定的就是什么都是不确定的。周围的一切都充满了不确定性，蕴含着太多不可预测的因素，只有未雨绸缪才能防患于未然。6号的关注点不在成功上，他们更在意的是那些给他们带来麻烦的问题。一旦他们站在了成功的位置上，就会感到危险。

为什么会害怕成功呢？这是因为，6号深知“高处不胜寒”。特别是在企业组织中，没有人喜欢权威，且一旦松懈了就可能会滋生很多问题，让自己措手不及。所以，即便公司在正常运转，发展势头也不错，可他们还是会提醒自己和员工：戒骄戒躁，继续奋斗。你看，任正非对华为提出的那些要求和警示——“不奋斗，华为就没有出路”“天道酬勤，幸福的生活要靠劳动来创造”，这些都是有力的实证。

6号对成功和快乐有健忘症，可是面对压力的时候，他们会直接对抗。尤其是身上肩负着责任时，表现会更为优秀，做出扭转局势的英雄之举。在研制C&C08机的动员大会上，任正非站在五楼会议室的窗边对全体干部说：“这次研发如果失败了，我只有从楼上跳下去，你们还可以另谋出路。”言语之间，充满了悲壮的意味。成立之初确立的这个自主研制技术的策略，让华为冒了极大的风险，但也最终奠定了华为领先的技术基础，成为日后傲视通信界的一大资本。

6号也被称为忠诚者，一旦他们认定了某件事物，就会用毕生的精力去追求，不会被冲动和狂热牵着走，会避开那些伪装成机会的陷阱。正因为此，任正非在华为一干就是24年。他曾经说：“许多公司垮下去，不是因为机会少，而是因为机会太多、选择太多。太多伪装成机会的陷阱，让许多公司步入误区、不能自拔。机会就是炙手可热的战略资源，但不是所有的战略资源都可以开发成战略产业。有些战略资源能够形成战略产业，有些战略资源则只能为资本运作和战略结盟提供题材和想象空间，却不适于作为一种战略产业来经营。”

把失败放在前面，把成功抛在脑后，用“失败”去成就辉煌，恐怕只有6号才能做到吧！

性格闪光点：凡事深思熟虑，为人朴实忠诚

在九型人格中，6号属于典型的怀疑主义者，他们在性格方面跟5号有相似之处，都认为这个世界充满危机，人心叵测，交往不慎就会被人利用和陷害。对此，5号尽量选择独处，避开与人接触，可6号却恐惧孤独，害怕被孤立、被抛弃。正因为有这样的内驱力，使得他们在性格方面展示出了独有的闪光点。

6号内心有强烈的不安全感，怕被人利用，因而警惕性很高。他们时刻都在观察对方，提防他人的花言巧语。可以说，他们是天生的观察者、自然的心理学家，随时警惕着一切外在变化，且还不被周围人发觉。

6号做事很谨慎，凡事喜欢尽最大的努力，做最坏的打算。他们的责任心很强，认为责任感是保证生活稳定的关键因素。对于相关的规则和义务，他们无条件地遵守和执行，且会为了家庭、事业和理想做出极大的牺牲。

正因为6号极具责任感，使得他们在人际交往中更加忠诚、值得信赖。不管面对什么样的挑战，他们都能毫不犹豫地去维护彼此的关系和

友情。他们对盟友忠心耿耿，不遗余力地保护自己人。当然，前提是这个团队和权威足够强大，能够得到6号的认同。

6号内心渴望亲密关系，但又缺乏安全感，因而他们很注重团队精神，希望从中获得安全感。但与此同时，他们又要求团队要分工明确、赏罚有责，避免人治。在做事方面，6号习惯严守时间，认为这是获得安全感的重要方式，他们看重截止日期，害怕因为拖延或浪费时间而遭受惩罚，更怕因此让自己陷入危险的境地。

6号对权威持怀疑态度，所以他们不希望自己成为权威，在他们看来，那是一个备受怀疑的不安全的位置。他们愿意为了理想付出全力，不求回报地努力，但对成功和荣誉却看得很淡，鲜少会受到名利的诱惑。

总之，6号是一个理性安稳的忠诚者，他们总是能够关注到环境中可能存在的风险，并以绝对理性、逻辑的方式来梳理这些风险，凡事都会以“理”服人。6号的内心渴望能够依靠环境或者环境中的人的支持和信任解决生活中的风险，收获内心的安稳，因此，他们又会在与人交往的过程中表现出一旦认可便格外忠诚的态度，甚至愿意为了这份认可牺牲自己，给人一种忠厚、朴实的感觉。

性格黑暗点：受困于对自己和他人的怀疑

“我的确是一个多疑的人。别人对我好，我会反复在心里思量：他为什么要对我这么好？究竟出于什么动机？我会很警惕，甚至在心里默默地说：我不是傻子，休想利用我。我习惯提防别人，喜欢跟别人保持一点距离，虽然会有点累，但让我觉得安全。”

这就是6号的思维模式，他们随时感到不安全，对一切都充满了怀疑。他们怀疑别人行为背后的动机是否单纯，怀疑所处的环境是否安全，怀疑自己的决定是否正确……越是怀疑，就越让他们感到不安，因而迟迟不敢行动。

6号喜欢按照规矩和传统办事，避免犯规，也害怕犯错。正因为有这样的心理，他们总是畏畏缩缩不敢行动，喜欢做那些成功率比较高的事，比如别人都认为比较枯燥的、例行公事的事务，他们反倒很乐意去做。6号对自己不够信任，致使他们狂热追求能给自己带来安全感的东西，且过度依赖权威者，往往会被人操控和利用，这是6号人格者的一大致命缺陷。

6号有拖延的毛病，原因是过于谨慎，希望把每一个细节工作都准备好，所以他们把大量的时间都用在了处理琐碎的事物上，纠结在正反意见中，难以下结论。他们总担心还有没有考虑到的地方，会带来什么风险，致使工作一拖再拖，甚至让一些计划半途而废。

“我会事先设想最糟糕的结果，在脑子里经历一遍，就好像它真的发生过一样。等到真正的结果出现时，因为有过排演，我会更有勇气接受和面对。”

从上述的这段剖白可见，丰富的想象力也是6号的一大特质。他们内心强烈的不安全感经常会把他们的想象指向最坏的地方，让他们预想到糟糕的结果。他们会自觉地寻找环境中对自己有威胁的线索，而把那种对最好情况的想象视为一种天真的幻想，经常给人一种悲观、偏激、神经质的印象。

不仅如此，6号还有把一切灾难化的倾向，不管碰到什么事情，总喜欢往负面的、悲观的、严重的方面幻想或揣测，因此他们总是活在焦虑不安中。这种状态会影响他们的创造力，减少他们的进取心，把他们变成自己最大的敌人，甚至有可能伤害到自己。

美国著名演员、导演伍迪·艾伦作为“继卓别林后最杰出的喜剧天才”，以其独有的喜剧才能在影坛上纵横数十年而长盛不衰，然而他内心却是一个不折不扣的怀疑论者，恐惧于不可避免的死亡、充斥着背叛的爱情徒劳无用、魔幻现实主义化解生活困境则构成了伍迪·艾伦喜剧电影中“三位一体”的悲剧意识的表现形式。

6号的怀疑通常都是无意识的，他们和其他类型人格的人一样，过分关注自己某一方面的需求，从而忽视了那些控制他们生命的核心问题。对于6号，就像伍迪·艾伦所说：“人类要比历史上任何时候都更面临十字路口的选择。一条路通往无望和绝望，另一条通往灭绝。让我们祈祷我们有智慧作出正确的选择。”

可能性成因：我若不顺从，就会被孤立

“父母做生意破产后，我们全家搬到了另外的一个小镇，他们提醒我不要告诉别人。我父亲卖掉了公司并因此获利，我时刻在心里默念：千万要保守秘密。”

“我的父亲是一名刑警，记得我小时候，他总是不做任何解释，也不跟我告别，就突然消失好一阵子，而我却被告知不能询问原因。”

“我是个胆小的女孩，从小在爷爷奶奶身边长大，他们对我很好。那时候的我，天真开朗，经常逗得爷爷奶奶大笑。6岁的时候，我回到父母身边生活。父亲的脾气很坏，我经常被他吓得不敢说话。有一次，家里来了客人，我去倒水的时候，不小心把茶杯摔碎了，爸爸当着客人的面骂我是个笨蛋。我羞愧得无地自容，眼泪吧嗒吧嗒地往下掉……那天晚上，我做了一个梦，梦见爸爸狠狠地瞪着我，用手指着我的鼻子大骂。自那以后，我只要看到爸爸就会紧张，越紧张越容易出错。再到后来，我似乎患了恐惧症，每天夜里都做噩梦，一点儿风吹草动都会让我紧张得不行。”

上述的这些成长经历，都是来自于6号人格者。可以看出，他们的童年过得都不太开心，始终被一种焦虑和不安全感笼罩着。6号的孩子内心有一种无助感，觉得自己是被孤立的。

他们对父母的感情是矛盾的，一方面为了得到认同而想要服从，另一方面又因为没能够取得信任而蓄意反抗。这样的成长经历，使得6号形成了一个特性：对权威人士又爱又恨。他们希望从权威人士那里得到肯定，但又憎恨权威人士对自己的不信任。

“我从小就很怕事，一向很老实，在伙伴当中不太受关注。刚上初一时，要面对一群不认识的同学，我很害羞。同学看到我的反应，经常戏弄我、侮辱我、恐吓我，我不敢告诉任何人。有一次，那群坏学生在离校之后打了我，我鼓起勇气向妈妈求助，可得到的却是漠不关心，她只告诉我：别理他们。这件事让我很受伤，我经常问自己：为什么母亲不肯相信我是无辜的？父母都不信任我，我还如何信任自己呢？之后，我对身边的一切都产生了怀疑。”

“从我记事时起，母亲就很少夸我，哪怕我自认为已经拼尽全力，获得了不错的成绩，母亲也没有说过半句认同的话，甚至还在亲戚朋友面前拿我跟其他孩子比较，说我不如别的孩子聪明。我内心很不悦，但我也开始怀疑：是不是我真的比别人差呢？母亲对我的不认同，也让我感到愤怒。长大之后，我依然会埋怨：为什么母亲不能欣赏我、认同我？”

6号人格者在成年之后依然无法完全克服心中的无助感。他们所看到的世界，充满了威胁与危机，所有的事情都难以预测，难以确定。他们相信，要建立人与人之间的信任是很难的。他们谨小慎微，心思多疑而敏感，每次遇到疑问都会反复求证。

为了生存，从充满危险的世界里获得一份安全感，6号会选择逃避、远离，亦或者面对、冲破那份危险。他们总是希望做好万全的准备才行动，同时还想得到权威的正确指导与可靠同伴的全力支持。否则的话，他们的心里会一直不踏实。

情感模式：不时地考验爱人，只为求得心安

在感情方面，6号一旦与人确立了亲密关系，对感情是非常忠诚的。爱人和家庭对他们来说是一个避风港，但6号总是心存疑虑，会不时地用一些方法和手段来检验婚姻的可靠性和爱人的忠诚度。对此，6号的解释是："就算爱人已经反复向我表示忠诚，我还是会不时地考验他，不是不相信，只是想让自己的心更踏实。"

6号会不断试探爱人的忠诚，以暗示性的询问来找寻所谓的答案，并以此获得安全感。他们经常猜测伴侣行为背后的动机，有时臆想伴侣行为背后是否有什么暗示，使得他们过于敏感，给人留下疑神疑鬼的印象，并引起伴侣的不满。

猜疑不是一件好事，会让原本美好的情感产生裂缝。这一点是6号需要修正的地方，平时要加深对伴侣的了解，知道对方是什么样的人，就会减少无端的猜疑。另外，也要学会宽容大度，不轻信传闻，有什么话当面跟伴侣说，有嫌隙及时弥补。如果有话不说，闷在心里，隔阂会越来越大。

总而言之，对6号来说，想要稳定而长久的亲密关系，最需要克制的就是自己的疑心，减少毫无根据的猜疑，尽量避免指责伴侣的行为。

情感互动指南

在感情的世界里，谁都希望获得对方的信任，倘若遇到了6号这样多疑的伴侣，该如何跟他们相处才能更好地建立信任关系呢？

·用有效地沟通化解6号的猜疑

前面说过，6号经常疑神疑鬼，引起伴侣的反感。他们的猜疑通常都是没有缘由的，有的是误会，有的是捕风捉影，还有的是小题大做。

要避免猜疑带来的伤害，伴侣就要多跟6号沟通，以坦诚的态度对待6号，凡事主动、直接与他交谈，以简单明确的言语向他表达情绪和情感。不要对6号隐瞒任何事，也不要用暗示的方式去表达，这样他会认为你可能有事瞒着他。要直截了当地肯定对他的爱，这是他们内心需要的，也是其安全感的来源。

·对看重忠诚的6号保持忠诚

6号是忠诚负责任的类型，信奉传统价值，力求自己的行为符合社会规范。一旦他们认可了自己的爱人或决定步入婚姻，绝对是一位忠诚的伴侣。同时，他们也希望伴侣对爱情保持忠诚，甚至有点“洁癖”的倾向。

作为6号的伴侣，要对爱情和婚姻抱有高度的忠诚意识，时刻让他们感觉你是诚实的、可信的。计划中的事情，在可能的情况下，最好让6号了解，并尽量争取他们的同意，听取他们的建议，这样能够有效地消除6号的疑虑。

·别用抱怨来对抗6号的指责

6号很喜欢指责他人，习惯把自己的感情和失败归咎于他人。婚姻出现矛盾时，他们会产生极大的疑虑：“你是不是有什么想法？你在隐藏什么？你是不是想离开我？”他们越是担忧，就越向外搜寻资源，并把指责投掷在对方身上。此时，如果伴侣也跟6号一样指责、抱怨，只会加速感情的破裂。

选择跟6号建立亲密关系，就要理解和包容他们习惯猜疑的心理，哪怕是面对他们强烈的指责和控诉时，也不要用抱怨的态度来对抗。6号的指责是在释放内心的恐惧，是情绪的发泄。对于这些无端的指责，最好的办法是以平常心对待，冷静思考对策，不要耗费大量时间和精力去反击和辩驳，让自己筋疲力尽。事实胜于雄辩，有些事情越描越黑，倒不如选择沉默，让事实来证明一切。

· 鼓励悲观的6号多参加娱乐活动

6号害怕被利用、被伤害，时刻秉持戒备心，悲观地看待世界。他们拒绝别人的好意和赞美，总是怀疑别人的动机，这给他们的生活抹上了悲剧的色彩。

面对悲观的6号，伴侣要充分理解他们内心的不安全感所引发的多疑倾向，不要对其进行强烈的批评，而是要认识到，这也是探究正确道路的必经过程。任何性格都有两面性，重要的是如何帮助6号不再为了逃避恐惧而掩饰自己。

要鼓励悲观的6号直面内心的恐惧，需要让他们认识到快乐的意义。所以，伴侣要经常创造机会跟6号一起参与轻松快乐的活动，鼓励他们采取行动，感受行动后的成就感，缓解紧张焦虑的情绪。同时，他们也会因为你的陪伴，感受到爱和支持。

在这样的环境下，6号能够关注到自己内心对安全感的真实需求，并体会到真正的安全感在于自己能够体察到当下已经存在的快乐、放松的感觉。

职场角色：最具忧患意识的“忠诚卫士”

6号深知风险管控是组织和个人成功的重要因素，因此他们做事小心谨慎，试图把所有的隐患都扼杀在萌芽状态中。在别人看来，他们可能有点儿焦虑过度，甚至是无论什么事情都往坏处想的“胆小鬼”。可真到危难之际，其他类型的人格者或许会惊慌失措、反应迟钝，而6号却能显现出力挽狂澜的英雄本色。因为，这样的情况早已经在他们的脑海中上演了多次，他们早就想好了应对之策。

6号是职场中最具有忧患意识的人，他们经常能够觉察到大家没有注意到的潜在风险。他们生性多疑，既能够忠诚地与人合作，也会不断猜测别人的动机。不管是事情本身的风险，还是他人的图谋不轨，都很难逃过6号的眼睛。

6号不喜欢做组织里的一把手，成为众人的焦点会让他们感到不安，他们更乐于充当一把手的左膀右臂。他们足智多谋，但不太擅长做决策，因为过于谨慎和小心，总是犹豫不决害怕出错。所以，他们会主动选择扬长避短，仅为决策者提供方案，捍卫决策者的核心利益，可谓是一个“忠诚的卫士”。

在九型人格中，6号对人的戒心是最强的，但他们也渴望得到稳固、可信赖的盟友关系。有时，他们会对别人的言行过于敏感，试图从蛛丝马迹中揣测对方的心思，但目的也只是为了确认对方是否言行一致、是否可信。

说到底，6号最喜欢确定的人和事，害怕不确定的因素。所以，6号遵守承诺，言出必行，值得信赖。他们也希望别人能够这样对待自己。在关系融洽、开诚布公、团结一致的氛围中，他们不但能够最大限度地发挥自己的才能，还会努力维护这种充满安全感的环境。

职场互动指南

当你遇到6号型上司，不妨这样做——

· 在多疑的6号上司面前表现出忠诚

6号很重视忠诚和团队合作，他们的信条是："我不期待忠诚，我要求忠诚。"他们宁肯重用能力平平却足够忠诚的人，也不愿意重用朝三暮四、背叛组织的更有能力的人。

面对疑心很重的6号上司，你要表现出高度的忠诚，认可6号上司的工作，服从他的安排，尽心尽力地工作，在必要的时刻为了团队利益要不惜做出牺牲。只要你用时间逐步证明自己是值得信赖的，6号上司就会成为你坚定不移的支持者。

· 对悲观的6号上司报忧不报喜

6号富有消极的想象力，总是设法去想最坏的结果，相信"最糟糕的事情即将要发生"。在他们看来，只看光明的一面是幼稚的、缺乏现实性的。所以，6号通常喜欢挖掘内幕消息，分析别人真正的动机，他们会提前做好准备，而不至于在紧急关头惊慌失措。潜意识里，他们会以你危机意识的强弱以及言行是否一致，来考虑是否与你合作。为此，他们更喜欢下属报忧不报喜。

面对6号上司时，尽量表现出你发现问题和解决问题的能力，不要表现得太过于乐观和自信，沉着与可靠才是重点。工作中遇到问题，要及时向他们汇报，他们需要时间去了解、分析、讨论和解决，越早求得他们的帮助，问题就越容易得到解决，而6号上司也会因此认为你是忠诚的。对他们而言，问题本身不是问题，隐瞒不报或不及时反映，才是大问题。

当你遇到6号型下属，不妨这样做——

· 对疑心重的6号下属要信守承诺

6号很看重忠诚，要求自己做到守信承诺，也要求别人言出必行。哪怕只是一句玩笑话，只要是跟他们的利益收获相关，都会被视为承诺。所以，在对待6号下属时，要觉察自己是否有意无意地表达出满足他们某些利益的话语，一旦说了，就要兑现，否则会被他们视为不守信用，甚至激起对权威的反抗情绪。

要获得6号下属的信任和支持，“可靠”是打动他们的第一要素。作为领导，要说到做到，给6号下属树立一个值得尊重和信赖的形象。另外，6号对权威比较敏感，害怕被滥用权力者利用。所以，最好不要用专制的口气命令6号下属做事，那样会招致他们的反感。

· 帮助6号下属化质疑为动力

怀疑是6号的天性，他们怀疑一切，且很欣赏和满足于自己的怀疑态度与做法，认为这样能够增强活力。不过，凡事有度，过犹不及。若是过于怀疑一切，陷入猜疑中，就会对6号的自我形象和自信产生损害，不利于事业的发展。

在面对6号下属的怀疑时，不要表现得不满，而是要用事实来论证，让他们感到安全。同时，也要引导6号下属把怀疑精神用在创新方面，帮他们把质疑化为动力。6号喜欢刨根问底的多疑心理，往往能够帮助他们虚心、勤奋地工作，并最终获得成功。

· 帮助依赖团队的6号下属培养独立性

6号常常带有强烈的恐惧情绪，喜欢依附强有力的人，遵守法律和规则，以获得安全感。他们害怕单独做决定，害怕犯错，喜欢听从权威人物的命令，认为这样自己就不用为失误承担责任了。因而，6号很重视团队精神，希望时刻融入到一个团队中，这种心理导致他们过分依赖团队、依赖领导，缺乏独立性。

作为领导者，要帮助6号树立独立意识，培养他们独立思考、独立决定、独立行动的能力，让他们明白“人们解决世上所有问题用的是大脑的思维本领，而不是照本宣科”。只有6号意识到这一点，才能够摆脱“安全”观念的束缚，变得独立，赢得更好的发展机会。

执念修正：生命不是一场“防御”的游戏

6号的生活总是跟恐惧、焦虑、不安联系在一起，把自己的心囚禁在忧虑中，这是6号最应该自我觉察和改变的地方。

我们不可否认，焦虑可以带来警觉，控制风险，但如果陷入焦虑中不可自拔，就会成为焦虑的奴隶，带来一系列错误的判断，继而迷失方向。6号应该明白，焦虑没什么大不了，每个人都会有焦虑的时候，有的甚至比你更为严重。要学会运用焦虑，探索它，与之和谐相处。感到焦虑的时候，要停止思考，做一些力所能及的事，让自己先平静、放松下来，跟随直觉理清思路，再去行动。

6号要觉察脑海中那些生动逼真的负面预演，试着找出让自己反应过度的原因，同时认清一个事实：那些你所担心害怕的事情，几乎从来没有真的发生过，那些只是你的假想。除非你做出不利于自己的行为，促使它们的发生。即便事情真如你所想的那么糟糕，只要你愿意，也可以发现改善的方法。所以，一定要保持头脑的清晰，觉察那些纷飞的负面念头和画面，果断对自己头脑中自动播放的“电影”叫停！

6号要学会相信别人，觉察这个世界上并没有那么多的坏人，没有那么多居心叵测和不可告人的动机。不要总是猜疑别人话里有话，很多事情并没有想象中那么复杂。你的生命中，一定有值得信赖的人，如果没有的话，不妨设法去找出自己可以相信的人，并跟他们接触。这样做意味着要冒被拒绝的风险，并引发更深层的恐惧，但它值得一试。6号要明白，你有让别人喜欢你的天赋，只是你对自己缺乏信心，且可能会害怕对别人付出。不要总是考验他人，在人际关系中筑起樊篱，你不先信任别人，别人如何信任你呢？

6号经常会在紧急关头突显“英雄本色”，从某种意义上来说，危险是6号的机会，这也证明6号是有潜力的。只不过，6号需要对自己多一点相信和肯定。

6号看起来很负责，但其实是因为害怕承担责任而过分谨慎。其实，没必要总是担心会有人跳出来指责你、追究你的责任。勇敢一点，人们敬重敢于承担责任的人，哪怕是犯了错误，只要有勇气承担，依然值得尊重。

最后要提醒6号的是，不要崇拜权威，或是以一种“我只是听别人的命令行事”的态度缩在后面。迎合权威这样的态度，久而久之会让自己更加没有方向，失去真正与别人结交的机会。倘若别人是在寻找一个百依百顺的合作对象，6号一定要拒绝。因为那些人很有可能会在你没有利用价值以后，立刻抛弃你。这样的合作方式，最后会让6号更加没有安全感和自信心，完全不是当初预想的那种结果。

对于有权威的人士，6号要鼓起勇气表达自己。告诉他们你心里的想法，不要显得自己软弱、不果断或防卫性太强，因而造成人际关系上的紧张和冲突。不过，6号在表达自己的时候，也不能走极端，变得好战和与人对立。也许，要6号维持内在的情感平衡并不容易，但只有达到这样的平衡，6号才算是真正的成熟。

生命不是一场防御的游戏，这个世界是让我们来经历、体验、服务和创造的，而不是用来防御的。活了一辈子，防了一辈子，这样的人生的意义何在呢？放下忧虑，快乐生活，这是给6号最好的忠告与祝福。

第八章

7号享乐型——把人间的不美好化为乌有

“感谢上苍赐给我赤子之心和享受美好生活的本能，教导我学习自我节制，协助我看清逃避痛苦不等于得到快乐；让我有智慧去体会，真正的喜悦便在我心中。”

——7号享乐型的祈祷

代表人物：沃尔特·迪斯尼

有关沃尔特·迪斯尼的一切，要从一只老鼠说起。

1928年，沃尔特·迪斯尼创造了卡通人物米老鼠，制作了电影史上第一部完整的动画影片。米老鼠一经问世，就掀起了狂热的浪潮，人们把沃尔特·迪斯尼称为“米老鼠之父”。后来，他又创建了迪斯尼主题公园，组建了现代化多媒体公司。从此，他的名字成了一个传奇，也成了梦想的化身。

1901年12月5日，沃尔特·迪斯尼在美国芝加哥市出生。他的父亲是西班牙移民，1906年，老迪斯尼用全部的家产在堪萨斯州东北的马赛林买下了一个小农场，之后他们全家就都搬到了那里。

沃尔特家里有5个孩子，他排行第四。小时候没什么玩具，他就在草纸上画农场的小动物。母亲发现了沃尔特绘画的天赋，就给他买了一本画册。沃尔特每天临摹，越画越好。有一次，一位医生看中了他的画，出了5角钱将其购买。15岁那年，沃尔特认为，自己将来很有可能会成为一位画家。

1918年，美国卷入了第一次世界大战。这一年，沃尔特17岁，他虚报了年龄，声称自己18岁，继而加入红十字会，当了救护车的驾驶员。战争结束后，他回到芝加哥，到一家报馆求职，却被拒绝。后来，他在一家电影广告公司谋到了一份周薪40美元的工作。

1922年，沃尔特离开广告公司，自己筹备了1500美元，创办了动画片制作公司。沃尔特聘请了两名推销员，来推销动画片。没想到，这两个人竟然拿着公司的钱逃跑了，使得沃尔特陷入了困境，公司宣告破产。

1923年夏天，沃尔特来到好莱坞，跟哥哥罗伊一起凑了3200美元重新创业，成立了迪斯尼兄弟动画制作公司，这就是今天的迪斯尼娱乐帝国的雏形。1925年7月，他跟哥哥罗伊建立了赫伯龙制片厂，第二年沃尔特将“迪斯尼兄弟公司”的名称改为“沃尔特·迪斯尼公司”。

1928年，沃尔特先后创作出三部以米老鼠为主人公的卡通片。迪斯尼对影片的要求极其严格，影片中细致的动作大约需要人工手绘2万个画面。迪斯尼最终做到了，但资金也用完了，沃尔特不得不卖掉自己心爱的跑车，为的就是要把影片做到尽善尽美。

1930年，米老鼠的角色冲出了美国，被全世界的人们熟知。这个时候，沃尔特被挖墙脚，他的得力助手跳槽了，他大病一场，暂停了米老鼠动画片的生产。1932年，他重新振作起来，制作出了迪斯尼公司的第一部彩色有声动画片《花儿与树》，并获得当年的奥斯卡奖。

自此之后，沃尔特又先后推出《三只小猪》《白雪公主和七个小矮人》《木偶奇遇记》《小鹿班比》《幻想曲》等一批优秀的动画片。

第二次世界大战结束后，沃尔特·迪斯尼的事业脚步开始放缓。他开始进军电视业，并于1961年在电视上成功地获得了良好的视觉颜色效果。战后，沃尔特对社会最大的贡献莫过于1995年在洛杉矶建立了迪斯尼乐园，这是他人生中最伟大的梦想，他希望建立一座让孩子和父母都喜欢的乐园。

最初，沃尔特准备把公园建立在西部的加利福尼亚，可过程中受到了很多的阻碍。许多公园的老板都说："不开惊险的跑马场，不搞点歪门邪道，想要成功简直是做白日梦。"可是，沃尔特没有改变初衷，他还决定把这个公园称之为"迪斯尼乐园"。

后来，迪斯尼乐园真的建成了，可沃尔特却没有亲眼看到。因为，晚年的沃尔特不幸感染了肺癌，于1966年12月14日午夜离开了这个世界。他的女儿说："爸爸以前想做的事就是让人们快乐，让他们笑起来。这永远是他生活的意义所在。"

沃尔特·迪斯尼是一个乐观的人，他的乐观源自那个童真的内心世界。他很受人欢迎，也愿意为别人带来快乐。这是7号享乐型人格者的特质，沃尔特也正是依靠着这份乐观，以及传递快乐的想法，成为动画和主题公园领域内的霸主。

性格闪光点：活着最重要的是开心

“我是个外向的人，喜欢跟自己看得顺眼的陌生人搭话，想从新鲜事物中找寻乐趣。我有很多爱好，也喜欢新鲜刺激的极限运动。我讨厌痛苦的东西，上学的时候总是先玩后学，经常赶作业，临时抱佛脚。我害怕自己的时间被别人占用，有不想做的事情就一拖再拖。多数时候，我都活得很开心，还有那么一点自恋……”

如果要用一种颜色来形容7号型人格者，橙色是再合适不过的选择。橙色代表着快乐，而7号的性格乐观豁达，不愿意给人压力，也害怕别人给他们压力，无拘无束的生活是他们追求的方向和目标。对他们来说，生活的哲学就是：人生不如意十之八九，何不开心一点？

在九型人格中，7号是活得最洒脱的一类人，不会像完美型那样因为怕出错而战战兢兢，不会像给予型那样只想着别人而不考虑自己，也不会像实用主义者那样过分看重名利，更不会像浪漫主义者那样没事给自己找烦恼。他们不会拒人于千里之外，也不会对周围的人充满疑虑。

7号是活得最洒脱的一类人，也是最让人感到轻松的朋友，他们不会给身边的人带去任何压力。他们深知，人生是一次没有返程的旅行，因而不会被身外的名利和财富所累，也不会成为不肯花钱的守财奴。他们认为，“天生我材必有用，千金散尽还复来”。

7号拥有绝对的自信，他们的口头禅是：只要别人能做的事，我都能完成。7号本身不是那种胆大包天的人，可一旦他们被激情包围，就会像公牛一样迎难而上。同时，7号还有灵巧的思维，善于发现生活或工作中的细微之处，并产生出不寻常的灵感，在平凡之中做出不凡的创新。

7号有很好的抗挫能力，遇到了困难和麻烦，能够迅速调整情绪，从悲伤痛苦中走出来。这种性格特点对他们的事业和人生发展大有好处。而且，7号也很喜欢交各种类型的朋友，有一颗童子之心，非常能感染别人。

性格黑暗点：出于心理补偿而夸夸其谈

艾子是战国时期的齐国人，在战国四君子之一的孟尝君家里做食客3年，孟尝君一直很尊重他，将其视为嘉宾。后来，他从齐国回到鲁国，和季孙氏相遇。

季孙问他："您在齐国住了那么久，试问齐国最有德才的人是谁？"

艾子说："没有谁比孟尝君更好了。"

季孙说："孟尝君有什么德行？"

艾子说："他家里有食客三千，食客们吃好的、穿好的，孟尝君丝毫不厌烦。他如果不是一个大好人，能够做到这样吗？"

季孙冷笑道："您这是瞧不起我呀！我家也养着三千食客，难道就只有孟尝君才有这个德行吗？"

听他这样一讲，艾子不觉肃然起敬，说："失敬失敬，我现在才知道您也是鲁国的大贤才呀！我明日就登门拜访，到您府上会会那三千食客。"

季孙说："好吧！"

第二天一早，艾子洗漱干净，穿戴整齐去拜访，一走进季孙家的大门，发觉里面静悄悄的。走进大厅，连个人影儿也没有。艾子纳闷：莫非食客们都住在其他的馆舍？过了半天，季孙才出来，艾子问他：“食客在哪里呢？”

季孙装出一副怅然若失的样子，说：“先生您来得太晚了，三千食客各自回家吃饭去了。”

艾子这才知道，季孙设了一个大骗局，是一个喜欢吹牛的人。他什么也没说，嘿嘿冷笑两声就走了，打心眼里对季孙嗤之以鼻。

季孙所犯的这个毛病，其实是7号性格中的一大黑暗点。他们喜欢自我炫耀，甚至说出一些与事实不相符的事情。心理学家认为，补偿自我的需要是引起吹牛的常见心理原因。

7号享乐主义者为了夸大自己的能力和身份，实际上也是出于心理补偿。吹牛的目的，是为了弥补落差，在心理上得到理想自我的境界。同时，也是为了让自己充满魅力，希望得到其他人的崇拜和爱慕。另外，也是期望能够借助大话来提升自信、降低内心的恐惧和焦虑。当对手向7号发出挑战时，7号往往会通过吹牛的方式“蔑视”对手，并给自己增强信心。

7号用夸张的言行来表现自己，把自己视为大家关注的焦点，其实意味着他们对生活中真实的快感已经模糊，需要靠这种方式来获得满足。殊不知，看似充实快乐的生活，掩盖着无尽的空虚。

可能性成因：我若不享乐，就不会有自由

“7岁那年，我在电视上看了一场乒乓球比赛，之后就喜欢上了乒乓球。我跟爸爸说了好几次想去学乒乓球，还央求他给我买一副球拍，可爸爸却认为这会影响学习，拒绝了我。后来，我又央求了他几次，他还是不同意。我开始抵触爸爸对我的束缚，但我没有发脾气，而是开始偷偷地存钱，给自己买了一副球拍，并参加了学校的乒乓球兴趣小组，技术也是突飞猛进。一年之后，我代表学校参加市里的学生乒乓球比赛，拿了冠军。”

“我小时候被家里管得可严了，父母总是要求我必须完成作业才能去玩，我内心虽然不愿意，可又不敢公然违背父母的指令，只有乖乖地听从。不过，我只是在表面上就范了，实际上在做功课时，我一直在自创不同的小玩意儿，有时是画画，有时是玩手指，或是想象着各种有趣的画面，让自己脱离被迫做功课的限制。”

“我小时候住在军区大院的外面，好奇心强烈的我一直很想知道，戒备森严的大院里到底是什么样呢？那些年里，只要放学早，我就会爬上大院的墙，使劲儿看里面的一切事物，总希望能够见识到一些让自己

大开眼界的东西。”

透过这些7号人格者的内心剖白，我们会惊讶地发现，他们在成长中都跟“束缚”这两个字结下了不解之缘。他们看到的世界，到处都充满着规范，限制多多，令人感到束缚和痛苦。他们相信，只有通过追求自由和快乐，才能够逃避痛苦、脱离规范。他们所期望的生活，必须有大量不同的选择、多姿多彩的经历和更多可能性的人生。他们觉得，必须得让每天都充满欢乐和正面体验，生活才算是有意义。

孩童时代，他们把身边的一切事物都视为规范，父母、老师、长辈全是执行检查任务的特使，他们不断设下限制，规范着7号的每一种行为，让他们没办法做自己喜欢的事情。虽然他们觉得父母很严，但他们一直相信，依靠自己的能力完全能够跳出规范。不论什么规矩、限制，只要不合心意，7号就会本能地开动脑筋，找出不同的方法去冲破它。

7号型人格者对安全的考虑较多，当他们知道有悲惨的事情要发生时，就会离得远远的。如果想让7号做好一件事，最有效的办法不是去约束他们，而是告诉他们：一旦这件事做好了，就可以去哪儿玩。

情感模式：只要爱情的愉悦，不要被束缚

7号是享乐主义者，他们追求快乐的爱情，希望跟爱人一起及时享乐，到处发掘可以带来新奇、刺激体验的机会。在爱情中，他们就像长不大的孩子，恋爱对他们来说似乎是一场游戏，能够让人“提神醒脑”。他们会费尽心思安排新鲜、好玩的事情，来博得伴侣的欢心。他们希望在这些体验中，能够感受彼此内心的快乐。

7号酷爱刺激、不寻常的关系，厌烦平淡乏味的爱情，喜欢制造浪漫的氛围，也很容易恋上不适合的人。他们渴望得到爱人的体贴和关怀，痛快地享受眼前的一切。但是，他们不希望因为爱情而失去自由，7号可以许下建立长久关系的承诺，但前提是不能让他们失去太多自主的空间。

虽然有固定的伴侣，可7号的目光还是会游移到其他异性身上。他们希望把爱情的感觉寄托于无休止的感官探索上，这也让他们很难在爱情中做出最终的承诺。7号从来不认为与婚外异性发生亲密关系是一种背叛，只认为那是一种正常的娱乐，是难以抑制的情趣。用这样的态度对待爱情，自然很难拥有长久的结果。

7号害怕限制，也害怕负面情感，让他们坐下来感受悲伤几乎是不可能的。当伴侣要讨论负面影响的事情时，7号会觉得伴侣是要强迫自己面对不高兴的事。如果他们无法摆脱，就会很生气。从某种意义上说，7号并没有生活在真正的情感关系中，因为他们内心充满了关于情感的各种想象，他们希望伴侣带给自己的生活是美好的，没有任何约束和限制。倘若伴侣缺乏快乐精神，他们很有可能会选择离开。

7号有以自我为中心的倾向，缺少体察别人感情需要的灵敏度。他们不接受伴侣有痛苦的一面，希望伴侣像自己一样开心。所以，7号的伴侣经常会因为听不到7号的安慰而感觉受到冷落。这样的状态，很有可能给亲密关系埋下隐患。对7号来说，学会接受伴侣的负面情感，是一件必要的事。

情感互动指南

面对喜欢寻求自己的快乐，喜欢去冒险尝试所有的美好，不愿意做出承诺，且经常会有点见异思迁的7号，该如何建立并维系亲密关系呢？

· 放手让7号尝试各种新鲜刺激的活动

7号追求快乐，重视享受，喜欢新鲜刺激的事物，并希望跟爱人一起体验这些内容。从心理学角度来看，7号需要以和爱人共同体验快乐的方式来避免内心的紧张，以及沉闷单调的生活。如果伴侣不欣赏他们求新求变的尝试，并过多地限制7号的想法和行动，会让7号产生反感和抗拒的心理。他们不会去理论，而是以逃避的方式来避免跟伴侣接触，独自去体验那些新鲜刺激的事物。

作为7号的伴侣，要懂得欣赏和享受7号营造的新鲜刺激的浪漫，也要放手让他们去尝试那些新鲜有趣的事物，不要强求他们时刻陪在你身边，给他们一个独处的空间，让他们好好放松自己，这种自由感会让7号感觉到你理解他、包容他、爱他，并充满感激，还会因此反省自己以往对你的忽略，从而多拿出一些时间来与你相处。

· 体谅和欣赏7号的天真率直

7号无论走到哪儿，都会散发出快乐的气息。他们善于制造浪漫，是活跃气氛的高手。这种性格使得他们社交圈很广，身边总会有很多朋友，不管跟谁在一起，他们都显得很亲切、很热情。

作为伴侣，要懂得热情洋溢是7号的个性，他们追求新鲜感的内在驱动力很容易被新异性吸引。但是，这种吸引不意味着他们会开始一段新的感情，多数时候他们只是被新异性的某个自己之前没有体验过的特质所吸引而已。

如果你懂得体谅和欣赏7号的天真率直，就能像对待一个长不大的孩子那样包容和支持他的各种想法，帮他营造一个安全、轻松的环境，让他们体验到舒适和快乐，并在这个环境下反省自身对于快乐感觉的追求，并会因为你的支持而做出最终的承诺。

· 主动向7号表达自己的感受

7号是人们眼中的“万人迷”，性格开朗，能说会道，对身边的人有极强的感染力。在爱情里，7号也总能让自己充满吸引力，他们对每个异性都有魅力，可又总是若即若离。从心理学的角度来看，7号的行为其实是为了满足自己的虚荣心。

面对有点“花心”的7号，你要当机立断地表达自己的爱意，以赢得他们的回应。需要注意的是，在表达内心感受和情感时，要用温柔、轻松的口吻和他们沟通，千万不要秉持批评或抱怨的态度。否则的话，不仅得不到7号内疚的回应和爱的关怀，还很容易让双方陷入争执之中。

· 陪逃避痛苦的7号一起体验悲伤

7号忍受痛苦的能力几乎为零，他们会用丰富的生活和高亢的情绪盖住悲伤。生活中很少会看到他们愁眉苦脸的样子，即便遇到麻烦事，他们也会用幽默的心态看待。在爱情中，他们也不愿意面对负面情感。

作为7号的伴侣，要帮助他们正视自己的负面情感，并让他们学会接受伴侣的负面情感，明白生活中总会有一些人人都要面对的严肃话题，不是开怀一笑就能解决的。一味地逃避悲伤，只能给自己带来更多的痛苦，要陪伴他们一起去体验一些悲伤的事，比如做地震救援的志愿者，去孤儿院照顾孤儿，等等。只有当7号敢于正视悲伤，才能在伴侣情绪不佳时给予陪伴和安慰，并利用自身的积极乐观精神帮助伴侣走出低谷。

· 让喜欢刺激的7号享受爱情的平淡

7号重视感官的刺激，总在寻找无限的可能性。在婚恋中，7号最大的问题就是不定性。他们不愿意被某一固定的情人所控制，会不断尝试新恋情。当伴侣要求他们作出承诺时，7号会很反感，感觉自己受到了限制。

面对这样的情形，伴侣要帮助7号修正过于追求刺激的爱情观，教他们学会享受爱情的平淡，让他们明白爱情的幸福不在于过程是苦是乐，而在于彼此相知相守、携手同行，就算爱情归于平淡，演变成亲情，爱终究是爱，只是换了一种新的方式存在。

职场角色：善于自由发挥的“多面手”

现代企业经常用“头脑风暴法”来做决策，参与会议的人可以随心地表达自己的想法，思维越发散越好，大家只阐述而不争辩，相互碰撞出灵感的火花。会议结束后，再总结出一个可行的方案。在这样的工作氛围中，表现最活跃的往往是7号人格者。

7号的大脑转得很快，以思维能力见长。他们的思考不会太深入，但能够在看似风马牛不相及的事物中迅速切换。有意思的是，这种高度发散的思维方式，通常能够催生出令人拍案惊绝的创意。它超越了固有观念的束缚，在没有路的地方开辟新的道路，这是7号人格者在职场中的一大优势。

不过，7号人格者的精力难以集中，无法保持一丝不苟、不厌琐碎的执行力。他们在执行阶段的表现，往往不及其他人格类型的员工。总体来说，他们更适合胜任设计、策划等需要创意的工作，而不擅长制订周密的工作计划、按部就班地落实细节的工作。

职场互动指南

当你遇到7号型上司时，不妨这样做——

·7号上司喜欢平等，你要避免拉帮结派

有人的地方，就有“江湖”，办公室也不例外。办公室政治引发内部各派系的斗争，通常会阻碍企业的发展和员工个人的成长。7号上司喜欢营造平等的人际关系，希望大家都能真诚、坦白地共事，最讨厌员工拉帮结派、构建“小圈子”。

面对7号上司，要体现出自己平等待人的态度，学会多跟不同部门、不同阶层的同事建立亲密友善的关系，让身边多一些愿意帮助你的战友，并学会在争取和维护个人权利的同时适当地妥协，避免成为众矢之的。总之，在7号上司手下工作，一定不要轻易涉足办公室政治的小团体，这有悖于7号的管理原则。

·7号上司喜欢求新求变，你要改变思维

7号上司不喜欢重复的、没有创意的工作和管理方式，他们经常会冒出新奇的想法和创意，并将求新求变作为团队每一个员工开展工作的原则。

跟7号上司一起共事，要懂得欣赏他们求新求变的作风。突破思维定式，的确可以让有限资源产生无限的价值。作为7号的下属，要努力提高自己的创新能力，把创新的思维和方法引入到工作中，不断地提高工作效率。

当你遇到7号型下属时，不妨这样做——

·对7号下属的新尝试给予支持和赞赏

7号下属经常会自发地承担工作，脑子里充满各种各样的奇怪想法，并尝试发挥自己的创新精神来为公司开创新局面。作为领导，要对7号的这种创新精神给予支持和赞赏。也许，有时你会觉得他们的想法很幼稚，可通常一些幼稚的想法反而能够催生伟大的成就。所以，对于7号的创意，赞赏永远比批判更恰当。

· 对于7号营造快乐的天赋要善加利用

7号在人群中是一个“开心果”，很擅长营造快乐的氛围。如果让7号下属担任一些团队建设或是企业文化宣传的任务，不仅能让他们发现工作的乐趣，还能有效地构建和维护团队和谐。他们就像是企业中的“润滑油”，哪儿有矛盾，哪儿就需要7号。在7号的带动下，员工的工作热情会大大提高，团队的向心力也会增强。

· 引导注重享乐的7号重视工作结果

7号经常会把工作当成试验各种精彩创意的平台，虽然有新想法是好事，但也可能会步入误区，忘记自己应该达到的工作目标。对待7号下属，要强调完成工作本身的意义，用结果去限定他们的工作，避免不必要的风险。

如果7号下属能够放下享乐的心态，敢于承担工作的艰辛，付出更多的实践活动，定能获得良好的工作成效。在激烈的职场上，没有优异的结果，一切都是空谈，这也是领导者要让7号下属尽早明白的道理。

执念修正：逃避痛苦和得到快乐是两回事

7号善于发现人生的快乐，就算落入烦恼中，也会在苦中求乐。他们总在追求快乐，哪怕没有回报，只要能感受到快乐，就会投入满腔热血。这是7号的性格优势，但也是避苦求乐的“误区”的产物。

享乐型的7号，渴望兴奋，喜欢冒险和思想上的碰撞，通过新奇、刺激的事物来保持内心的愉快感受。可由于过分追求外在的快乐，使得7号忽略了内心对快乐感觉本身的渴望，也让他们过分压抑内心的恐惧，或是以追求外在的快乐事物的方式来逃避恐惧。与此同时，这些追求外在快乐事物的选择，就成了诸多合理化的借口，一旦他们遇到问题或困难，就以各种合理化的理由来回避困难，或是逃避问题的真相。

所以，从根本上来说，追求快乐的行为是7号寻求知识和创造性的原动力，但目的却是为了“逃避痛苦”。这就让7号的内心产生一种复杂的矛盾冲突：一方面清楚的意识到自己内心长久以来被压抑的恐惧以及问题并没有解决；另一方面又因为这些压抑本身就是一种负面情绪的体验让7号类型人格不愿面对，因此越是意识到问题的存在，越是无法真正采取行动去解决，反而更加以追求外在快乐的方式来逃避，进而让自己陷入到“应该与否”的内在挣扎中。

诚然，做快乐的事，可以忘却痛苦，但如果总是逃避痛苦，就意味着无法从痛苦和挫折中成长。7号应当明白，生活中真正的快乐和满足感来自于对生命的全部的体验。生命中不但有快乐，也会有悲伤，经历一切才能体悟内心真实的喜悦。对7号而言，应当多花点精力放在培养自己的毅力上，把勇气放在面对和接受生命中的沉闷、痛苦的事物上。

7号也要切忌同时追求过多的事物，避免对外在快乐的贪心，要学会专注于一件事情，确保自己脚踏实地地收获每一种成就感。当遇到问题时，提醒自己不要用追求外在快乐的“合理化”借口来欺骗自己，要懂得越是体验到内心的恐惧，越要领悟自己发现恐惧背后的问题或困扰的真相，用行动去战胜它们。

第九章

8号领导型——我威故我在，一切都要听我的

“感谢上苍让我拥有对生活的热爱和强烈的正义感，以及充沛的精力；协助我保护弱小，支持受害者；给我充满慈悲的力量，尊敬爱的伟大。”

——8号领导型的祈祷

代表人物：李小龙

几十年前的香港，经济形势不太乐观，不少华人都选择了漂洋过海，到国外谋出路。那些年里，的确有不少华人做出了成绩，谱写了一个个“他乡的故事”。这些故事的主人公里，有一位叫李海泉的先生，他是香港粤剧界的名人。

李海泉跟其他华人一样，当时也希望能够在海外闯出一番名堂，让家人过上好日子。1940年，他的儿子在美国三藩市出生。中国人大多认为“不怕生坏命，最怕改坏名”，李海泉把希望寄托在下一代的身上，为此还特意给孩子取了名字叫——振藩，寓意着他在长大成人后，可以威震三藩市。

这个叫振藩的孩子长大后，果然没有辜负父亲的期望。他不仅威震三藩市，还被全世界的人知晓。只不过，大家很少知道他的这个名字，而是叫他“李小龙”。

李小龙的一生充满了传奇的色彩，他儿时在香港被发掘成为童星，六七岁就受到影视界的熏陶，童年的经历对他日后在电影圈的发展奠定了基础。李小龙很好动，1995年遇上了咏春宗师叶问，成为他的徒弟。

他对武术有一份狂热的爱，17岁时就在校际拳击比赛中取得了冠军。由于他从小混迹电影圈，加之外形渐趋成熟，并且有独特的演绎技巧，电影公司觉得他是一个可塑之材，就准备与他签约。

不久后，李小龙因为一次冲突事件被警方扣留，为了避免影响前途，家人就迅速将他送往美国，希望他能在那边安心读书。1961年，李小龙在西雅图华盛顿大学攻读哲学，他经常被一些好事之徒骚扰，而一身的好功夫又让那些人甘拜下风。之后，李小龙干脆在西雅图开设武馆教人功夫。

1964年，李小龙在长堤的空手道大赛担任表演嘉宾，让更多的人见识了他的功夫，其中就有一些电影工作者。1965年，李小龙有感传统的中国武术应该有更大的发挥空间，就开始整理自己生平所学的功夫，希望能够创出一套全新的武学系统。

1966年，根据连环画改编的《青锋侠》拍成剧集，李小龙在剧中担任青锋侠的助手。此片大受欢迎，但李小龙在拍过这部剧之后，并没有继续他的事业。赋闲在家的他，偶尔担任好莱坞红人的私人武术教练，其他时间都用来整理创建他的武术系统。1967年，他为自己的新武术系统起了一个名字：截拳道。

1970年，李小龙以青锋侠第二主角的名义回到香港，并上了无线电皇牌节目。观众们记住了这个锋芒毕露的年轻人，当时嘉禾电影公司也看中李小龙，之后专门派人到美国找他商谈拍片的事宜。此后不久，《唐山大兄》这部为李小龙量身定做的电影问世，破尽香港电影票房纪录。1972年，《精武门》上映，当年影片内容敏感但并未影响成绩，又刷新了票房。

两部电影的成功，让投资者们雄心万丈，继续组织队伍去往意大利制作《猛龙过江》。1973年，港美合作的《龙争虎斗》问世，为李小龙国际巨星的地位奠定了基础。可惜，谁也没有想到，同年拍摄的《死亡游戏》却成了他的最后遗作。

李小龙这颗璀璨的巨星，在最灿烂的那一刻陨落了。可直至今天，他依然是华人世界的精神领袖，是中国功夫的代表人物。他的精神和气质，影响了千万痴迷于功夫的人。

从李小龙的特质上不难看出，他是典型的8号人格者：充满正义感，喜欢做大事，绝对的行动派。这类人独立自主，一切靠自己，依照能力办事，向往公平正义。他们渴望在社会上有所作为，并担当领导者，个性冲动、自信，喜欢替他人做主和发号施令，故而被称为“领导型”。

性格闪光点：富有正义感的“真心英雄”

你在生活中一定碰到过这样的人——

他们做事冲动，对朋友却很讲义气；他们没什么心计，却对弱者充满怜悯之心；他们遇到不公平的事，会站出来打抱不平；他们喜欢挑战，充满活力；他们厌恶虚伪，从不会装腔作势；他们说话不会拐弯，总是“一针见血”，却可以征服人心。

他们的眼神能够直透人心，不怒自威；他们平时很严肃，可内心愉悦时，也会露出孩子般单纯的笑脸；他们喜欢发号施令、掌控局面，有着领袖般的魅力；他们也能保护自己的下属，相信“拳头”比“语言”更能解决问题。

如果你的脑海中浮现了某个人的音容笑貌，那么，他就是8号类型人格者。

8号的身上有许多闪光之处，从上面的描述中便可窥见一二。8号向来都是坦坦荡荡，直来直往。他们总能很轻易地对人、环境或事件造成冲击，但又从不畏惧承担责任。他们是天生的保护者，无论是在工作中还是生活中，都愿意为身边的人“两肋插刀”。

8号不是靠嘴上功夫交朋友的那类人，他们一言不发也可以让人信服。就像《天龙八部》里的乔峰，豪情万丈、侠肝义胆，他和结拜兄弟段誉的相识源自“斗酒”，跟公孙乾的相识源自“斗掌”，可谓是“不打不相识”。他可以用生命来保护朋友、保护爱人、保护无辜的百姓，虽然最后壮烈死去，可在人们心中，他始终是一个真英雄。

8号没什么城府和心机，思考问题很简单，他们讨厌阿谀奉承的虚伪小人，痛恨别人欺骗自己。一旦他觉察到有人欺骗自己的感情，愤怒的火焰立刻就会窜起，令人胆战心惊。他们性烈如火，却是最值得深交的朋友。他们不会因为金钱、地位等把朋友分成三六九等，他们欣赏的是朋友的才能与品德。跟他们交往时，他们不会因为你有不同的意见而生气，反倒是唯唯诺诺、不敢坚持自己的意见，会让他们看不起。

在8号看来，只有强者才能生存，才能实现自己的价值。他们是正义的化身，无法接受弱肉强食的现实，也无法忍受是非不分的态度。他们会为了受压迫的弱者挺身而出，去反抗权威。毫不夸张地说，8号是一个充满血性的“汉子”，也是一个充满正义感的真心英雄，是对正气凛然最好的诠释。

性格黑暗点：以自我为中心和极端思维

8号人格者在追求力量和胜利的过程中，可能会变得以自我为中心。他们最害怕的事情，就是自己软弱无力和被他人支配。从某种意义上来讲，他们所做的一切都是为了保护自己的内心而奋起抗争。

当8号的心中冒出一个想法时，他会立刻采取行动，并为此投入大量的精力。他们比较刚愎自用，固执地认为自己心中的真相就是客观的真相，排斥一切反对的意见。他们会高度地关注对方的弱点，而忽略自身的弱点。

“我不愿意看到任何负面的东西，我要看到我的力量而不是弱点，即使我有缺点，我也要选择忽视它们。我如果去做一件事情，我首先想到的是要成功地去做，这个时候，如果有人告诉我，我做这件事可能有哪些缺陷，我就会勃然大怒地训斥他，认为他是一个晦气鬼，我不愿意承认缺陷，我只要让自己明白，我一定可以做好，因为我有很多的优点。我选择忽视缺点的另一个原因也在于，我怕自己考虑太多负面的因素，我就会丧失真正的勇气。”

可见，8号喜欢用拒绝承认现实的态度面对自身的缺陷，拒绝承认阻碍自己的事物存在，并且强迫自己相信自己的判断是对的。他们让自己的注意力“报喜不报忧”，只有无视现实的残酷，他们才不会因为这些严酷的情况而害怕。他们坚信自己绝对正确的事实，却无法承认自己做错事的事实。

8号崇尚斗争，他们的世界只存在两极——对错、是非或者有无，不允许自己的世界存在灰色地带，也不接受模棱两可、可有可无的态度，非常极端化。他们几乎不会以妥协的形式来解决问题。在他们眼中，中立也是一种软弱的表现，而他们坚持摒弃一切软弱的因素。

8号是爱憎分明的人，这是一种人格魅力，但也会造就人格悲剧。8号的爱很极端，不允许有背叛存在，一旦让他们发现爱的背叛，就会将这种爱转化为恨。爱有多深，恨就有多重，这是他们的情感信条。他们根本不相信，爱可以不必拥有，爱一个人可以放手。8号的爱是自私的，既渴望天长地久，也要曾经拥有。

从这些思维模式和言行举止中都可见得，8号很难接受中性的价值观，有时难以客观地看待问题和变化，做事容易走极端。不得不说，这是8号性格中的一大黑暗点。

可能性成因：我若不强大，就不会被在乎

“我8岁那年，跟父亲在布鲁克林区的停车场里，与一名恶棍发生了争执。父亲将恶棍一把从车里拉出来，痛扁了一顿。我睁大眼睛站在旁边，目睹着这一切。打完之后，我永远也忘不了父亲的大脸凑在我的面前说：‘你刚刚人在哪儿？’我觉得羞愧极了，今后再也不想让自己如此渺小！”

“我读小学一年级时，有一位高年级的学长跟我争执，把我推倒在地。当时下着雨，地上全是水渍，我浑身湿透了，既愤怒又不知所措。我很清楚，凭借自己弱小的身躯，不可能与对方抗争。这个时候，一位平时温文尔雅的老师目睹了全过程，随即怒气冲冲地走来，一手折断木制椅子，执起木棍，打在那个高年级学长的身上。学长开始闪躲，神情紧张，看起来很害怕的样子。接着，老师温柔地嘱咐我回家洗澡。当时，我得到了无限的安慰。从那以后，我也明白了一件事：如果要避免遭受侵犯，必须要有权力和体力，就如所有强者一般。”

领导型的人属于强者，具有领袖气质和超强的能力，胸怀坦荡，独断专行，攻击性也很强，但这种攻击性通常都是针对强者的。他们不屑

跟弱者争斗，甚至愿意保护弱者。8号型人格者在成长的过程中，可能遭受过精神或肉体上的打击或虐待，比如：年长的手足长期压制他，父母嘲笑他柔弱的情感或欲望，老师贬低他的坏成绩，邻近的恶霸欺凌过他，等等。无论哪一种情况，都让8号型人格者获得了相同的信息：不反抗就是死路一条！

为了争取自己的权利，为了更好地生存，他们必须从无力和牺牲的角色中挣脱出来，转变成强势和掌控者。羞辱感或剥夺感让他们意识到，必须要勇敢地站出来，表现出软弱或敏感只会给自己带来麻烦。

在8号看来，只有强者才能生存。他们年少时可能会是那种比较爱惹麻烦而且粗暴的孩子，到处闯祸，经常进出老师的办公室。还有一些8号人格者，在学校时表现优异，后来成为握有大权的重要人士。他们在很小的时候就学会了锤炼出坚强的意志，以对抗任何脆弱的情感，长大成人后，他们经历的大起大落也比大部分人要多。

在8号看来，所有的事情都跟公平、正义相连，他们思考和看待每一件事的方式都是“这件事是否公平”“是否有违背正义的现象”。所以，他们对父母的看法也取决于父母的处事方式。

如果父母处事公平，能够勇敢抵抗那些欺善怕恶的人和事，能够尽力保护家人和身边的朋友，对一些不合理的事情敢于仗义执言的话，他们就会认为父母是伟大的、是值得学习和信任的，将其视为榜样。

如果父母的性格比较懦弱，敢怒不敢言，遇到不公平不合理的事情时不敢抵抗，只知道逃避，或者父母经常出现待人不公的行为的话，他们就会产生不认同的情绪，年纪较小时一般会默不作声，但随着慢慢长大，他们的反抗行为就会越来越严重，经常出现不依从父母、和父母顶嘴的现象，因此会给人留下反叛的印象。此时，在8号孩子的心里，父母已经不再是能保护他们和能维持公平的人了，他们必须让自己变得强大，用自己的力量来主持公平。

童年时代的8号，虽然也极具正义感，但他们不会轻易显露出内心的那份霸气。他们知道，如果处处呈现出强者的气势，其他的伙伴会不接受自己，从而失去玩伴。另外，他们也不会轻易表露出自己天真的一面，因为他们相信，天真等于脆弱，不是强者该有的态度。他们也害怕，如果自己表现出软弱，就不会有人爱自己和关心自己。

情感模式：我的爱情，我全权做主

在8号心目中，理想的爱情就是一生一世地守护自己的伴侣，承担照顾他们的责任。他们习惯照料和关怀别人，不习惯别人的呵护，就算是在亲密的伴侣面前，也很难表现出柔情的一面。为了心爱的人，他们会不惜一切代价提供保护，甚至会为了为爱情争取公平而与人争执，或大打出手。

8号在亲密关系中，是实实在在的爱人，是真诚的保护者。不过，他们有极强的控制欲，总想控制伴侣的一切，却又不愿意被对方控制。他们通常显得过于强势，认为一旦示弱就会破坏自己构建的强势形象，让伴侣觉得自己好欺负，甚至遭到厌弃。他们忽略了一点，甜蜜的爱情是不需要强势的，在爱情的世界里，只有从内心深处生发出来的爱，才是真正力量的源泉，才能酝酿出甜蜜的味道。

8号经常专注于自己的欲望，体验对生命的掌控感，从而忽略爱人的内心感受。如果爱人不主动表达自己的好恶，他们会把爱人的表现视为认同，并要求对方支持和配合自己的决定。所以，了解自己爱人的内心，是8号需要努力改进的地方。如果能够做到这一点，就能更多地赢得爱人内心的感激与回应，成为体贴人心、粗中有细的好伴侣。

情感互动指南

在生活中，如果你遇到了8号这样强势霸道、控制欲极强、希望成为主宰者的另一半，该如何跟他们保持亲密、融洽的关系呢？

·赞美8号敢于担当的魄力

8号是爱情中的忠诚守护者，愿意一生一世保护所爱的人。他们会主动承担家庭责任，满足对方各种物质需求，经常用赠送礼物的方式来表达爱意。他们把保护伴侣当成理想，并愿意为此奉献一切。

对于8号这种敢于担当的魄力，伴侣不仅要懂得欣赏，还有给予赞美，并用实际行动予以回应，直接向他们表达你对他们的依赖，让他们感受到你对他们的需要。

·给自尊心很强的8号留点面子

8号自尊心很强，很关注个人的形象，认为在人前有面子是一件重要的事。作为伴侣，要理解他们的这种心理，更要注意在生活中维护他们的面子，这样他们会感激你，从而愿意为你付出更多。千万不要当着亲朋好友的面指责8号，这会引发他们的怒火，甚至做出报复的举动，挑剔伴侣的毛病。在相互指责中，爱情很快就会瓦解。

·面对霸道的8号，委婉地提出意见

8号的控制欲很强，倾向于把自己定位成一个主宰人生、主宰世界的权威者角色，时刻都表现出威严、强势、霸道的样子，并以对抗的态度面对环境。即便他们发现自己错了，也不愿意承认。

面对霸道的8号，伴侣要避免用教导式的口吻跟他们沟通，如果你希望他们能为自己做一些事，最好用一种看似无心的表达，让他们觉得你不是在命令他们，而是他们用心听到了你的需要，然后为你采取行动。这样既能满足你的内心需要，也能让8号快乐地接受，且不会有损于他们的威严和强势。

在表达反对的意见时，不要用对立的语气和强硬的态度，要温和、委婉地说出自己的想法，最好是以一种不明白他们的意思的态度，向他们发出请求，让他们把问题说明白。这是最有效地表达反对意见的方法，也比较容易被8号接受。

· 对8号暴躁易怒的态度，要保持平常心

8号习惯遵从内心的感觉和冲动行事，高兴就笑，愤怒就发火，很少克制自己的情绪。所以，经常会给人一种暴躁易怒的强硬印象。即便是在爱情中，他们也经常用争吵来激起热情，并用吵架的方式来探听伴侣的心事和底线。

身为8号的伴侣，你要明白他们的挑衅多半都出于一时的负面反应，过后很快就会忘记。他们的粗俗语言未必代表恶意中伤或人身攻击。清楚了这一点，就不会轻易被他们击倒了。与此同时，还要学会用平常心对待暴躁的8号，在他们发火时，不要正面对抗。你可以不予回应，等他情绪宣泄过后，主动向他们示好，再慢慢与之沟通，让他们觉得在你面前无论如何都是安全的，你不会因为他们展示出脆弱的一面就厌弃他，这样能让他卸下武装，彻底地放松下来，重建和谐的亲密关系。

· 支持强势的8号释放内心的脆弱

8号为了维持权威者的形象，不愿面对自己内心的脆弱，并尽量回避情感表达，这往往让他们失去坦诚面对身边人、坦然表露自己内心感受的机会。在爱情中，强势的8号也会因为不常关注伴侣的情感需求而引发彼此的矛盾和冲突。

从心理学角度来看，8号的强势其实代表了内心的脆弱与担心，他们害怕无法控制局势。出于恐惧，他们选择主动出击，先把局势稳定下来。他们似乎总在寻求发怒的对象，似乎一发火，就不会怀疑自己懦弱，也不会被信赖的人背叛，继而打消恐惧感，变得强大。

作为8号的伴侣，要明白他们的这一心理，帮助他们学会关注内在的情感，承认自身的局限和弱点，学会放松。同时，还要多跟他们交流彼此的情感需求，更好地回应8号给予的爱，维系亲密的情感。

职场角色：天生能以威信服众的领导者

在职场中，最不畏惧困难的恐怕就是8号了。他们敢于开创常人不敢想的事业，只要认定了目标，就会排除万难、全力以赴，不惜一切代价将其完成。这种无与伦比的魄力和胆识，让他们很容易成为组织中各层级的一把手，而他们也将成为团队中的领袖人物视为自己奋斗的目标。

在这种决心的驱使下，8号会有意识地寻觅各种类型的人才，组建自己的团队，在激烈的市场竞争中开辟新领域。他们果断、自信，知道如何鼓舞士气，也知道如何凝聚人心，有出色的组织管理能力。可以说，他们天生就是能以威信服众的领导者。

虽然打拼事业的过程充满曲折，但8号的思维方式是直来直去，有点好大喜功，不满足于小小的生理需求，而是希望获得瞩目的大成就。这就使得8号的人生像赌局一样大起大落。

8号喜欢掌权，做团队中的决策者，以便最大限度地掌控局面。所以，他们有强烈的“地盘”意识，也很重视保护团队成员的利益。虽然他们有时在行事上略显霸道，刚愎自用，听不进不同的意见，可他们对“自己人”关爱有加，会尽心尽力做大家的保护伞。

职场互动指南

当你遇到8号型上司，不妨这样做——

·认可强势的8号上司的权威

8号上司办事果断、粗中有细，但也很强势。跟随这样的上司，既是幸事又是不幸。幸运的是，他们能力突出、知识丰富、经验深厚，是下属在职场中最佳的引路人。不幸的是，如果不善于跟8号上司沟通，不被认可，则很有可能被边缘化。

有些职场新人为了凸显个性，对上司经常是面服心不服，看不上8号上司的工作方法和作风，经常消极怠工、消极对抗。这种过于自我的行为极大地损害了8号上司的权威，容易激怒他们，这对于团队和个人的发展都不利。

相反，如果能诚心诚意地支持8号上司的工作，处处表现出对他们的尊敬和钦佩，明确自己希望得到其指点和帮助的意愿，并积极有效地沟通，8号上司就能将你视为忠实可靠的助手，为你的事业发展提供有利的条件。

不过，认可8号上司的权威不等于阿谀奉承，他们喜欢有能力的下属，而不是溜须拍马之人。在尊重、理解之余，积极勤奋的工作，这才是8号上司所期望的。

·不要事事都向8号上司汇报

8号上司性格急躁，喜欢抓战略方向，厌烦细碎烦琐的工作。作为下属，一定要了解他们的这一特点，抓主要的工作去汇报，在大方向的指导下发挥个人的主观能动性，不要大事小事都向他们汇报。对于自己能判断，且在本职范围内的事，可大胆地拿主意，不必全部禀明8号上司。否则的话，只会显现得自己工作无能，以及8号上司领导无方。

·服从8号上司制定的等级制度

8号上司有很强的控制欲，他们经常是规则的制定者，希望其他人都遵从自己的规则。有些新员工心傲气高，经常会越过自己的上司，直接向大领导汇报工作。他们自以为这样很聪明，殊不知犯了8号上司的大忌。他们不认可下属的这种行为，甚至会让其陷入两头不讨好的境地中。一定要记住，就算你的8号上司只是一个“九品芝麻官”，你也不要越级办事。

当你遇到8号型下属，不妨这样做——

·对看重公平的8号下属，要创造公平竞争的环境

8号下属很看重公平正义，要得到他们的认同，必须为其创造公平的竞争环境。当他们感觉自己所在的企业是一个公平之地，才会有平衡感，并真正发挥出自己的苦干精神，对企业产生高度的信任，并表现出奉献精神。

·对野心勃勃的8号下属，要用实力赢得信服

8号员工总是表现得像领导一样，而把真正的领导撂在一旁。他们的控制欲可能会让他们去反抗权威，给领导带来潜在的麻烦。只有碰到真正有能力的领导，他们才有可能信服。

对待这样的8号下属，要让他了解你出众的能力，知道你的独特之处，见识你的战略眼光、丰富的知识和技能，看到你拥有而他没有的实践经验。这样的话，8号下属不仅会心甘情愿地认同你，还会做出异乎寻常的决定去追随你。

执念修正：承认自身的局限不等于软弱

8号一直以领导者、权威者的形象出现，掌控全局，统领他人。为此，他们表现得很勇敢、很独立，生怕自己一不小心松懈下来就被人乘虚而入，窃取自己得来不易的胜利果实，或动摇自己的掌控地位，让自己多年来拼搏奋斗换来的威望被削弱，并使自己陷入一种被他人左右的境地中，并因这种处境而产生屈服于人的负面情绪。

这是8号最害怕的事情，也是他们需要修正的执念，即拒绝承认自身的局限。他们认为，向别人示弱，就会遭到别人的攻击，为了避免受到伤害，他们只能用强大来掩饰自己的虚弱。为了保持这种威风凛凛的形象，他们只好否认自己的内在需要，自我欺骗地不去承认自己的脆弱部分，把脆弱隐藏在心灵的最底层，试图不让任何人发现，包括自己。

我们前面说过，8号人格者在成长过程中，就懂得如何博弈。他们会合理地运用自己的品质和特长去赢得胜利，而不是蛮干。如果身体不够强壮，但头脑足够聪明，他们会担任出谋划策的角色，去指挥别人；如果身体强壮的话，完全可以用“拳头”压倒对方。为了表现强大，他们学会先发制人，把注意力放在对手的弱点上，给予精准地打击，从而获得胜利。

这种拒绝承认自身局限的心理，经常让8号拒绝接受个人的身体痛苦和情感痛苦。他们很有可能在一次比赛中，受了重伤，腿上绑着绷带，却坚持走回家。进了家门，就痛得倒在地上。还有可能，他们被亲人和朋友玩弄后，拒绝承认自己曾经付出的感情。这种只关注自身优点、拒绝承认自身局限的心理，很容易导致8号自我封闭，甚至变得自大。此时的8号，很难听从他人的意见，完全以自我为中心。

8号的这些错误执念，使得他们在掩饰自身弱点、维持强悍形象的同时，失去了自我完善的机会，不利于自身的成长。对于8号来说，正视自己的局限，并努力克服这些局限，是改善和修正自身的必经之路。

8号应当明白，虽然你很难屈服于别人，但也该学着去做，在必要的时候向别人屈服一下。不要担心这样做会牺牲自己的权力，自我膨胀是一个危险的信号，如果学不会克制，很有可能会与人发生更严重的冲突。

这个世界并没有与你为敌，生命中有很多人都在关心你、尊敬你。只是，你的固执像一堵墙，阻碍了这些感情的进入。其实，从内心接受他人的感情，不会让你软弱，反倒会巩固你的力量。没有人真的跟你过不去，总是带着这样的想法，你会与人越来越疏远。

真正的力量，不是展示赤裸裸的强权，而是你激励、鼓舞他人的能力。当你掌控着权力，又肯关心别人时，别人更容易对你保持忠诚和奉献的精神。

第十章

9号调停型——为了和平，我愿意把自己忘记

“感谢上苍赐给我温柔、宁静的心境，让我体会自己的感觉，并且不失去心中的平和；使我能不出卖自我，同时了解自己的重要性；最重要的是，教导我如何应付问题和争执，赐给我无比的信心。”

——9号调停型的祈祷

代表人物：甘地

甘地出生在英国殖民桎梏下的印度，成长在一个虔诚信奉仁爱、不杀生、素食、苦行的印度教的家庭。他自幼腼腆、羞怯、循规蹈矩，从小学到中学，他一直怠慢疏懒，消极被动，无论是资质还是成绩，都很平庸无奇。

13岁那年，甘地依照父母之命，与一同龄文盲女孩结婚。16岁时，他遭遇了人生中的双重打击：先是父亲去世，后是第一个孩子出生后就夭折了。19岁那年，甘地决定到英国游学，他去了伦敦大学攻读法律，并取得了律师资格。学成之后的甘地，回到孟买开始从事律师业务，却屡遭挫败。这时，南非的一位朋友邀请甘地到彼邦发展。正苦于没有出路的甘地，在朋友的怂恿下，踏上了征途。

南非是一个种族歧视根深蒂固的英国殖民地，甘地作为有色人种，在这个地方屡屡遭受歧视和侮辱。强烈的民族自尊心和同胞们饱受的苦难，激起了甘地内心的力量，他开始领导南非的印度人，展开反对种族歧视的抗争。

甘地的举动获得了他所属团体的信任和支持，加之他对英帝国依然怀有说服和调解的希望，因此他发明了一种“9型武器”——非暴力斗争，就是透过忍受屈辱和苦难，去赢得统治者的退让。

甘地从南非回到印度后，英国正卷入第一次世界大战中。他主张对英国给予支持，希望以此换取英国格外开恩，给予印度自治。结果，大战结束后，甘地对英国的幻想破灭了。英国人对印度人的各种暴行，让甘地从一个英帝国的忠实追随者，变成了一个反对者，并发起了非暴力抵抗运动。

甘地是一位和平使者，他一直坚守“非暴力不合作”的原则，而他在跟印度广大支持者的坚持下，二战后处于内忧外患的英国政府，担心印度民族解放运动持续下去带来的巨大压力，最终答应印度独立的要求。

在领导印度独立革命成功之后，甘地坚决不担任国家元首，就连任何名誉上的东西也不愿意接受。一生追求和平的甘地，最希望的就是告老归田，享受乡间的安静和心灵的静谧。

从甘地的身上，我们看到了9号人格的典型特质：不热衷于名利，不爱出风头，不喜欢邀功，只想把自己深深地掩埋。他们想要的很简单，就是维持安静的生活。

性格闪光点：善解人意的和平使者

“我是一个平和的人，做事不紧不慢。对于那些我不想做的事，我不会激烈地抗议，而是会显得有点儿冷漠。别人都觉得我很好相处，事实上，与人交往的时候，我很少表达自己的意见，如果非要说点什么不可，那也是经过深思熟虑的。所以，朋友都觉得我说的话充满智慧，直指核心。我不愿意批评任何人，希望跟所有人和谐相处……”

你身边有没有与之类似的人？如果有的话，他就是我们说的9号型人格者。

9号很善解人意，总能在第一时间感受到别人情感的变化，从而顺从于别人的情感，充当一个调停者的角色，让事情朝着和平的方向发展。从某种意义上说，9号就是一个天生的感知者，也是一个友善的调停者。

为了达到和平的目的，9号会毫无保留地支持他人、为他人挡风遮雨。他们的内心很细腻，能够轻易地觉察出别人最需要什么，然后投其所好，给予最大的帮助。哪怕在给予的过程中，会有损自己的利益，他们也会照样付出，只要事情能朝着和平的方向发展，他们就会感到安定和快乐，这是属于9号的安全体系。

《被嫌弃的松子的一生》，演绎的就是一个9号型人格者的故事。女主人公叫松子，因为家里有一个多病孱弱的妹妹，她从小就被父亲忽视。为了引起父亲的关注，松子不断地博取父亲的欢心。每当父亲不开心时，她都会扮鬼脸，让父亲暂时忘记生活中的苦难。扮鬼脸虽然让松子得到了父亲的关注，可她也养成了一个习惯——总会在别人生气时露出逗人的鬼脸。在松子此后的人生中，她也一直在不断地牺牲自己，试图去满足他人。

9号容易被他人的生活影响，他们倾听别人的心声，把别人的需要当成自己的需要，把自己的愿望和别人的愿望结合起来，试图去满足他人。9号永远不会去控制别人，但他们总能理解别人的想法，为别人找到开启幸福之门的钥匙，并在他人的幸福中找到自己的存在价值。

性格黑暗点：为了成全别人而委屈自己

善良的9号向往和平，愿意为满足他人的需要而付出。然而，事物总有两面性，9号为了迎合别人的需要，成全别人的愿望，通常会以委屈自己、牺牲自己为代价。

9号善解人意，却不知道自己内心真正的需求，即便知道自己的需求，也容易在寻求的过程中迷失，把注意力和能量从真正的需要转移到别的地方。之所以这样做，归根结底还是为了避开冲突环境，让自己的内心保持宁静与充实。

9号人格者善于倾听别人的心声，也对别人的需要有着敏锐的判断，偏偏对自己最不重视。对他们来说，别人的感受是第一位的，只要别人高兴，自己的感受可以适当忽略。

“我曾经是校足球队的队员，那时候训练很多，我的技术也很好，我们经常能够赢得比赛。我在团队当中常常没有什么特别的愿望，我只是喜欢和大家在一起的那种感觉，感受整个集体的热情和活力，为集体的事情尽自己的本分，一般而言，我也不怎么发表意见，大家讨论通过了，只要达成一致了，哪怕某个决定是我不喜欢的，我也不会说什么的。”

9号缺乏主见，宁可服从他人的安排，也不愿意坚持己见。他们的注意力总是放在应不应该认同别人的观点上，而不会认真思考自己的立场，选择站在哪一边对9号来说是困难的。他们害怕表明立场后，会让别人失望，从而导致关系疏远。与此同时，他们也害怕过于顺从对方的意见而被对方控制。

9号人格者最喜欢按部就班，不希望花费多余的脑筋去深思熟虑，也不希望去面对种种矛盾和变数，更不希望对此做出取舍和选择。他们会像收藏家一样囤积自己感兴趣的事物，以此来充实自己的空闲生活。这也是他们保持内心安宁的一种办法。

9号外表随和，内心却容易愤怒。他们很容易发现自己内心的自卑，却难以改变这种现实。他们不是没有愤怒，只是不爱冲人发火而已，那样意味着明确立场，主动卷入冲突当中，破坏脆弱的融洽氛围。所以，9号人格者主动压抑怒火，把身心中多余的能量消耗在那些不太重要的领域，这也是他们喜欢收藏和堆积琐碎事物的主要原因。

9号既想让别人重视自己，却又给人一种他们不重要的感觉。究其根本，就是他们习惯性地迎合他人的需要而忘记自己，宁可委屈自己也要成全别人。

可能性成因：我若不妥协，就不会被善待

是什么造就了9号这样的人格特征呢？九型人格专家认为，成因可能是这样的：

“我跟父母逛街之后，总要买一件小玩意回家，哪怕只是一颗糖，或是一张纸。记得有一次，我想买一个玩具，母亲不同意，我就一直哭闹着。母亲不理会，回家后我一个人坐在客厅里继续吵闹。直到晚上，父母和兄弟姐妹相继都睡了，没有人搭理我，而我自己也哭得累了，就上床睡觉了。第二天醒来，我已经完全忘记昨天的事，照常生活，内心也没有任何负面或正面的感受。”

9号人格者童年时代，父母经常忽略他们的想法，他们可能会偶尔争取一下，可父母还是不够重视。于是，他们就找到了一个全新的模式——完全妥协，不再把自己看成是重要的，通过向父母妥协来获得内心的和谐，并找到自己的位置。

9号人格者认为，自己只要乖乖的，就会赢得父母和周围人的喜爱，就能得到恬静愉快的生活。他们在童年时期很害怕一件事，那就是太坚持自己的看法，就会被父母抛弃。所以，他们尽量跟父母保持“同

步”，不断调整自己对外界的看法，甚至放弃自己的想法和需要，来迎合父母的期待。在他们看来，附和是最安全的一个办法。

“我小时候很怕看见父母吵架，每当他们争吵时，我都会跑到自己的房间里。如果吵架声太大，我会躲进衣柜里，不想听见任何的争吵声。有一次，父母吵完架，我走出房门，看到父亲一声不响地坐在椅子上，愁眉苦脸，欲哭无泪。我当时很难受，就哭起来，内心觉得父亲受到了伤害。可是第二天，我的内心又恢复了平静，没有记挂着父母吵架的事。”

在这样的环境中长大，就会形成9号的性格。他们认为，只有把自己塑造成一个和善的形象，跟别人融为一体，才能保证和谐、无忧无虑的生活，才能保持平静。他们害怕因为自己的想法与人不同而引发冲突，更担心会因此失去他人的关爱，所以他们特别关注别人的反应，顺应别人的要求，让自己的行为按照既有的模式来，放弃自己的想法，用“我不想受到影响”的心态来缓解内在的压抑，不断降低自己的需求。

9号看到的世界是自己的存在和付出并不重要，自己的身份也不一样，世上所有单一事物都不重要，重要的是那份整体归属感和舒适的感觉。他们相信，要得到这份和谐与平静，只有把自己的专注投放到他人的立场，把自己融入他人的世界，避免因个人立场引起冲突，也避免让平静的内心泛起波澜。

概括来说，9号人格者往往是早期因表明自己的观点遭到过父母的怒斥或冷落，即便表达愤怒也会被彻底无视，使得他们很早就开始认为，别人不会听从自己的意见，自己的想法根本不重要，所以他们才会忘掉自我，试图用这样的方式来融入环境，维持和睦融洽的氛围。

情感模式：我是爱你的，你是自由的

如果你想要一个永远爱你、关心你、体谅你、无怨无悔为你付出的伴侣，那么，没有谁比9号人格者更能胜任这个角色了。

9号温柔善良，乐于倾听，能把注意力高度集中在关系亲密的人身上。他们表面看起来有那么一点点迟钝，但他们的共情能力却是极其敏锐的，能够轻而易举地走进谈话对象的内心，说出对方的真实感受，让人产生知己的感觉。当9号爱上一个人的时候，会希望跟对方全方位的融合，彻底去了解对方。

不过，9号渴望完全融合的情感关系，并不是为了操控对方，而是他们希望在了解的基础上，给予对方最大限度的自由，把情感关系的主导权都交给对方。这就意味着，他们完全把对方放在第一位，以伴侣的心为自己的心。假如所托非人，全身心奉献的他们，也会比其他人更加懊恼和悔恨。

9号是体察人心的行家，但他们对自己的真实感受却是茫然的。他们会把伴侣的感受当成自己的感受，把对方变成自己生活的重心。如果离开了这个灯塔，习惯忘记自我需求的9号，顿时就会失去方向，不知道自已该往哪儿走，该追求什么。

在这种心态的驱使下，9号往往能够维持长久的亲密关系。哪怕他们已经对伴侣失去感觉，依然会按照惯性去维持这种关系，虽然这不是他们真心希望的选择。说到底，9号就是不习惯面对真实的自己，如果没有用全身心地为他人着想来掩盖这一点的话，他们会清楚地感受到自己内心深处的麻木和空虚。

从积极的角度来说，9号在情感关系中总能想人之所想，急人之所急，给对方最大的尊重和自由的空间。对很多人来说，这种相处方式是很舒服的，也是最容易摆脱对方的相处方式。很多人觉得，9号的这种付出简直是傻得可爱。

其实，9号也希望别人能够关注自己的心声，帮自己找到合适的定位。他们期待和对方完全融合，但内心深处又隐藏着保持独立并拒绝他人要求的愿望。他们通常会用外在的顺从掩饰内在的反抗，不愿做出最终的表态。他们在内心一直在自问："我的选择对吗？"

所以，9号通常会对伴侣体贴入微，而又不肯表态完全地占有对方，显得有些扭捏迟钝。但只要他们确定了内心的真实想法，下定了决心，就会以最顽固的姿态去忘我地经营一段天长地久的感情。

情感互动指南

了解了9号在情感关系中的角色和行为习惯，该如何与他们在亲密关系中相处呢？

·9号注重平衡，为其营造温馨的氛围

9号追求和谐的关系，害怕与人发生冲突。在亲密关系中，他们不期待彼此之间发生什么生离死别的经历，来证明情比金坚，只要无风无浪、平平淡淡的共处，他们就很满足。所以，9号很少说甜言蜜语，也很少制造惊喜，甚至对伴侣制造的惊喜也没有太大的反应。

不是所有人都能享受平淡的生活，9号的伴侣很多时候会感觉生活缺少激情，容易陷入抑郁之中。为了避免这样的情况发生，9号的伴侣需要理解和欣赏9号注重平衡生活状态的需求，不要总用物质去讨他们的欢心。只要多拿出一些时间陪伴他们，跟他们一起休息、一起看电影、一起做一顿简单的晚餐，享受这份平静与温馨就足够了。

当9号心情不好时，伴侣更要为他们营造一个平静温馨的氛围，鼓励他们表达出内心的感受。当他们倾诉时，不要马上给出分析和建议，耐心地听他们说，让他们觉得你理解他，他处在一个被爱、被呵护的环境里，就能让他们宣泄出负面情绪，恢复平静。

· 9号缺乏自我认同，鼓励他们表达内心的感受

9号认为，想要实现无冲突的状态，就要把别人的需求放在第一位，而忘记自己的需求，尤其是跟爱的人相处时。他们愿意为爱的人做出牺牲，甚至到了忘我的地步。可是，他们越不爱表达自己的想法，越容易陷入自尊心低落的恶行循环中。

过分地放弃自我，或许能够避免一些相处中的冲突，但不是每个人都欣赏欠缺个性的伴侣。9号过分压制自己的情绪，极有可能会被伴侣慢慢地忽略掉。此时，就会触动9号的深层恐惧——被身边的人忽略，继而彻底地爆发情绪。

不表态的作风，其实是一种不负责任的表现，等于把很多责任和重

担都转嫁到伴侣身上，自己却袖手旁观，变相抽离。不过，9号这样做的原因，是他们认为自己没有能力和才智解决问题，并认为自己在亲密关系中已经抹杀了自我，什么都听伴侣的，出了问题和自己没有关系，且会反过来埋怨伴侣。

作为9号的伴侣，要感谢他们所作出的牺牲，但更要鼓励他们表达内心的感受和需求，支持他们去做自己喜欢的事，那些你不喜欢的事，也不要进行批评或给出建议，以免让9号为了和谐而听从于你。发自内心地尊重9号的选择和行动，给他们绝对的支持和鼓励，让他们感受到安全，激发内在的动力，慢慢学会自己解决问题。

· 9号害怕冲突，帮助他们认识冲突的价值

9号为了息事宁人，总是向别人的意见屈服，丧失自己的立场。他们把伴侣的想法当成圣旨，却对自己的立场只字不提。这样的做法，通常会给双方带来很多问题，影响感情的升华和发展。

作为9号的伴侣，要帮助他们消除对冲突的恐惧，学会正视冲突，不仅要看到冲突的破坏力，也要看到冲突的推动力。亲密关系中的争吵，可能会损害感情，也可能会增进感情，前提是能以一颗平常心去看待这种分歧和争吵。

想让9号不再惧怕冲突，就要让他们明白：吵架可以是夫妻之间沟通的一个很好的手段，它能让彼此了解对方的想法和需求。和谐的婚姻不在于完全没有争吵，而在于争吵之后彼此如何处理和面对。

· 9号内心无序，提醒他们要负责的事

9号的内心往往是失序的，很难对事情做出轻重缓急的排序，导致

生活陷入没有重点、松散混乱的境地。这并不代表9号不知道自己想要什么，而是因为他们想要的太多，总想着去平衡，而平衡的结果就是主次不清。

情感生活原本就很复杂，依靠失序的内心去理清情感的乱码，结果只能是越理越乱。作为9号的伴侣，要帮助他们改变内心失序的状态，为真正重要的事情列一份清单，让9号养成好的习惯。如果可以，跟他们一起去执行计划，更有利于习惯的养成。当9号偏离了重心时，温和地提醒他们什么才是最重要的事，尽快作出调整。需要注意的是，切忌严加指责，或用带有压力的语气对9号提建议。

职场角色：团队中最有效的“润滑剂”

在九型人格中，9号似乎是个性最不突出的一类人，没有坚定的立场，没有慷慨的热情，没有出人头地的抱负，也没有丰富细腻的感情，更缺乏冒险的精神……乍一看，似乎真的是很平庸，不管从事哪种职业，给人的印象都是没个性的“凡人”。

9号之所以会给人这样的印象，并非是他们缺乏才能，更主要的原因是他们过分追求安定，主动消除了自己的锋芒，掩盖了自身的本色。如果不这样做，就会卷入到激烈的竞争中，要面对许多复杂而痛苦的选择，打破他们内心的安宁与和谐，这是9号最害怕的事。

鉴于此，9号就选择远离人们关注的焦点，始终以低调的姿态示人。你很难知晓他们到底有多少能力和潜力，只能看到他们故意展示出的平凡一面。不过，9号在职场中也有其优势，那就是具备“润物细无声”的亲和力，让人放下戒心和敌意。他们擅长把不同的观点整合在一起，寻找各方的最大共识。

追求融洽氛围的9号，往往能够成为企业中优秀的矛盾调解员。无论团队中存在多少分歧意见，他们都能够对此进行整合，调节各方矛盾。9

号喜欢共赢，不会对其他人产生任何威胁，可谓是团队中最有效的“润滑剂”。

职场互动指南

9号的人格特点就是害怕冲突、崇尚和谐，跟这样的人在职场中相处，怎么做才能既符合他们的性格特点，又能实现工作效率最大化呢？

当你遇到9号型上司，不妨这样做——

·9号上司爱和平，配合他们构建融洽的氛围

9号认为，谁也不可能孤立地存在于世，更不可能孤立地做成一件事，人与人之间天生存在着一种合作关系，个人利益是在普世利益得到保障的前提下实现的。9号上司在工作方面，喜欢与周围的人建立和谐的关系，重视营造融洽的气氛，并希望周围人也能够这样做。

要得到9号上司的认可，平时与人交往就要注意礼节和态度，不要表现得过于强势和硬朗，要与人为善。当你帮助9号上司追求和谐，他会将你视为志同道合之人，也会因为这一点而对你倍加信赖。

·9号上司容易自我贬低，给他足够的赞美

9号上司经常为了照顾外部的和谐，把自己的地位看得很低。其实，他们内心是很渴望得到别人的赞美和认同的，如果你能经常给予9号上司赞美和认同，他会很乐意跟你沟通交流。比如，你可以赞美他的字很漂亮，他对工作有远见，他处理下属关系很合理，等等，这些都能够给9号上司带去内心的力量。

·9号上司易犹豫，要定期进行确认

9号上司害怕做决定，经常会陷入犹豫不决中，他们能够调动员工自发工作，但不擅长组织和安排，工作目标和方案也总是不够清晰。作为9号的下属，就需要掌握一些沟通技巧，和上司一起明确工作的方向，以防自己的方向错误。同时，也要对项目中的细节的大方向进行沟通，力求共同发现和解决问题。

定期征求意见，也能让9号上司感觉到自己是在项目中，不然他们的思绪可能会飘到其他地方。这种工作方式，能够把他们的思想拉回到项目中，并让他们感受到自己被重视，也能够更加积极地投入到工作中，激发创造力。

当你遇到9号型下属，不妨这样做——

·9号下属目标性差，帮其设定工作目标

9号下属的目标性比较差，也不善于将目标分解，他们的注意力经常会被不重要的事情打乱，甚至完全忘记自己的目标。在给9号下属安排工作时，一定要帮其设定工作目标，告知具体的任务要求，以及他们的具体职责，和工作任务的轻重缓急，指导他们具体的流程，各阶段的时间要如何把控。这样的话，9号下属才能认清大目标，以及各阶段的小目标，开展有效的工作。

·9号下属不懂拒绝，为其排除外来的干扰

9号习惯认同他人，自己的想法比较模糊，就算有想法，也可能会选择妥协。他们不懂拒绝，也没有勇气拒绝，他们经常会被他人左右，没有自己的时间和空间，即便是在自身的利益受到严重地侵害时，依然会选择忍耐。这种懦弱的性格，经常会让一些人得寸进尺地向9号索取。9号不知道，只要他们坚定地拒绝别人的无理要求，很多委屈是不必承受的。

在职场中，9号认为说“不”会让别人没面子，会惹别人不高兴，甚至引发冲突，所以他们经常会受到不必要的干扰，被其他员工强加给一些不必要的工作，影响他们的情绪和工作效率。作为领导，如果能够认识到9号的这一特点，主动帮他们排除一些干扰，9号下属会深深地感激你，认为你很关心他们，从而更加用心地工作，来回报这份特殊的照顾。